Introduction to programming

\親子で学ぶ/
プログラミング超入門

知りたいことが
今すぐ
わかる！

星野尚 著
阿部和広 監修

技術評論社

はじめに

　2016年4月の産業競争力会議において、安倍首相は小学校でプログラミング教育を必修化する方針を表明しました。これを受けて、2017年3月に新しい学習指導要領が告示され、2020年度から小学校でプログラミング教育が行われることが決まりました。

　プログラミング教育の是非について、世の中の意見はさまざまです。例えば、プログラミングは、これからの社会で求められる力なので必要と考える人もいれば、子どものうちは、仮想的なコンピューターの世界よりも、現実の物や自然と親しむべきと考える人もいます。全員ではなく適性のある子どもだけがやればよいという意見もあれば、小学校で学ぶ内容では、職業訓練には役に立たないという意見もあります。

　このように意見が分かれている理由の１つには、私たちがプログラミングについて明確なイメージを持っておらず、何を目的として教育するのかわかっていないことがあるように思います。

　一般的な人がプログラミングと聞いて想像するのは、コンピューターの画面に向かって呪文のような単語を、キーボードから打ち込む様子ではないでしょうか。それは、非人間的で、特殊な技術を持った人が行うことのように感じられます。これはプログラミングが持っているある面を表しているという点において、必ずしもまちがいではありません。しかし、この本を通して皆さんと学んでいくプログラミングは少し異なります。

　皆さんは、何か作りたいものはないでしょうか。絵でも、音楽でも、物語でも、料理や手芸でも、何でも構いません。なかには「何もない」という人もいるかもしれませんね。では、子どもならどうでしょう。例えば、ブロック玩具を目の前に置いて、それで何かを作らない子はいないように思います。あるいは、クレヨンと紙があれば、きっと何かを描くでしょう。笛があれば吹き、ハサミとボール紙があれば、何か工作を始めるかもしれません。

このように、何かを作りたいという気持ちは、生来的な性質のように思われます。作りたいものがないと感じている人でも、何か生活の中で創造を行っているはずです。それはお湯を入れたカップラーメンのふたが開かないようにするための工夫だったりするかもしれませんが、それも立派な創造です。このような行為をティンカリング（tinkering）と呼んでいます。そして、ティンカリングに向いているのが、プログラミングなのです。

　コンピューターの面白いところは、プログラム次第で、ブロック玩具やクレヨンや笛など、何にでも化けることです。つまり、コンピューターは、人のアイデアを表現するための媒体（メディア）であるだけではなく、媒体を作るための媒体（メタメディア）だということです。このような道具は、人の歴史の中で今まで存在しませんでした。これを使えば、物理的な制約にとらわれることなく、現実に存在しないものですら作ることができます。人の興味はさまざまですが、何でも作れるのであれば、かならず何か当てはまるものがあるでしょう。

　しかし、それを実現するために呪文が必要なら、やはり無理じゃないかと思われるかもしれません。この本で紹介している「Scratch」は、この問題のかなりの部分を解決しています。具体的には、Scratch を使うことで、あたかもブロック玩具を組み立てるように、作りたいものを形にすることができます。このようにScratch はプログラミングの面倒なところを肩代わりしてくれますが、それでも基本的な概念や考え方は必要になります。本書はその部分も、マンガやイラストを交えてわかりやすく解説しています。

　これからの子どもたちに求められるのは、何かを暗記したり、すでに答えがわかっている問題を正確に解くことではありません。1 つに答えが定まらない課題に対応したり、新しい課題を発見したりすること、さらには、それを解決するアイデアを形にできる力が必要になります。これは今の人工知能にできないことであり、ティンカリングやプログラミングは、子どもだけでなく、大人にも役立つことでしょう。これこそがプログラミング教育の目的なのです。

2017年10月23日

阿部和広

目　次

はじめに ……………………………………………………………… 2
主な登場人物 ………………………………………………………… 12

第1章　プログラミングって何ですか？

01 － プログラミングって何ですか？	16
02 － プログラミングはなぜ注目を集めているの？	18
03 － プログラミングが学校の授業になるの？	20
04 － プログラミングは子どもに必要なの？	22
05 － プログラミングは社会に出てから役立つの？	24
06 － プログラミングはどこで教えてもらえるの？	26
07 － プログラミングって難しくないの？	28
08 － プログラミングが上達する方法はあるの？	30
09 － プログラミング言語にはどんなものがあるの？	32
章末コラム・親子で学ぶことの意味	34

第2章　プログラミングの考え方を知ろう！

01 － プログラミングを始めよう！	38
02 － プログラミングは「学習」ではない？	40
03 － プログラミングの「流れ」を知ろう	42
04 － プログラミングの重要な考え方を知ろう❶	44
05 － プログラミングの重要な考え方を知ろう❷	46
06 － まずは「何を作りたいか？」から始めよう	48
07 － プログラムの「設計図」を作ってみよう	50
08 － 設計図ができたらプログラムに落とし込もう	52
09 － 大切なのは「考える作業」を繰り返すこと	54

10 – 「まちがえる」ことを大事にしよう 56

11 – 親子で一緒に考えよう！ 58

■ 章末コラム・身近な課題を解決する 60

第3章 プログラミング言語を知ろう！

01 – これがオススメ！　子ども向け言語❶
Scratch（スクラッチ）.................................. 64

02 – これがオススメ！　子ども向け言語❷
Viscuit（ビスケット）................................. 66

03 – これがオススメ！　子ども向け言語❸
ComputerCraft／ComputerCraftEdu（Lua言語）......... 68

04 – これがオススメ！　子ども向け言語❹
hackforplay（ハックフォープレイ）.................... 70

05 – これがオススメ！　子ども向け言語❺
JavaScript ブロックエディター for micro:bit 72

06 – これがオススメ！　子ども向け言語❻
Osmo Coding／Osmo Coding Jam 74

■ 章末コラム・プログラミング言語の動作環境 76

第4章 プログラミングを体験しよう！

01 – Scratch でできること 80

02 – Scratch を選ぶ理由 82

03 – Scratch の画面を知っておこう 84

04 – Scratch の流れをつかもう 92

05 – 「動き」のブロックを追加しよう 98

06 – 複数のブロックを組み合わせよう 100

07 – スクリプトの始まりを作ろう 102

08 – スクリプトの終わりを作ろう 104

09 – ブロック操作のコツを知ろう 106

10 - 「見た目」のブロックを知っておこう 108
11 - 「音」のブロックを知っておこう 110
12 - 「調べる」のブロックを知っておこう 112
13 - スクリプトを保存しよう 114

■ 章末コラム・Scratch ワールドを探検しよう 116

第5章 Scratchでゲームを作ってみよう！その❶

01 - Scratch でゲームを作ろう 120
02 - 操作方法とルールを考えよう 122
03 - ゲームオーバー時のアクションを考えよう 124
04 - ネコを作ろう 126
05 - ネコを動かしてみよう❶ 128
06 - ネコを動かしてみよう❷ 134

プログラミングの重要な考え方❶ 制御文を知ろう 138

07 - 星のキャラクターを追加しよう 140
08 - ネコのキャッチレーザーを作ろう 142

プログラミングの重要な考え方❷ メッセージを知ろう 146

09 - レーザーを発射しよう❶〜メッセージの送信 148
10 - レーザーを発射しよう❷〜メッセージの受信 152
11 - レーザーを発射しよう❸〜ネコの向きを調べる 158
12 - ネコの動きを制限しよう 162

プログラミングの重要な考え方❸ 変数を知ろう 170

■ 章末コラム・変数を使わずにネコの動きを止めるには ... 172

第6章 Scratchでゲームを作ってみよう！その❷

- 01 – ゲームオーバー条件をチェックしよう …………… 176
- 02 – ゲームオーバーのアクションを作ろう …………… 180
- 03 – スターミサイルを追加しよう …………………… 184
- 04 – ネコのゲームオーバー条件を作ろう …………… 192
- 🚩 章末コラム・新しいことへの挑戦 ………………… 196

第7章 次は何をすればいいの？

- 01 – アイデアを練ろう！ ……………………………… 200
- 02 – Scratch をもっと楽しもう！ …………………… 202
- 03 – ほかの言語も試してみよう！ …………………… 204
- 04 – ラズベリーパイに挑戦しよう！ ………………… 206
- 05 – スクールに通ってみよう！ ……………………… 208

- 付録❶　クロームをインストールする（Windowsの場合）… 210
- 付録❷　クロームをインストールする（Macの場合）…… 212
- 付録❸　Scratch のアカウントを作成する …………… 214
- 付録❹　Scratch にサインイン・サインアウトする …… 216
- 付録❺　完成プログラムを見てみよう ………………… 218

- 索引 …………………………………………………… 222

免責

本書に記載された内容は、情報の提供のみを目的としています。したがって、本書を用いた運用は、必ずお客様自身の責任と判断によって行ってください。これらの情報の運用の結果について、技術評論社および著者はいかなる責任も負いません。
本書記載の情報は、2017年10月現在のものを掲載しています。Scratchやクローム等、ソフトウェアのバージョンや画面は、ご利用時には変更されている場合があります。また本書は、Windows 10、オンライン版Scratch2.0、クロームの動作環境において、正しく動作することを確認しています。これ以外の環境においては、動作が異なる場合があります。以上の注意事項をご承諾いただいた上で、本書をご利用願います。これらの注意事項を理由とする、本書の返本、交換および返金には応じられません。あらかじめ、ご承知おきください。

商標、登録商標について

本文中に記載されている会社名、製品名などは、それぞれの会社の商標、登録商標、商品名です。
なお、本文に™マーク、®マークは明記しておりません。

主な登場人物

伊東家の父。最初は消極的だったが、はるとと一緒にプログラミングを学ぶことに

伊東家の母。世間の流れに乗って、はるとにプログラミングを学ばせようと画策する

伊東家の長男。ゲームが大好きで、ゲームクリエイターになるのが夢の小学3年生

伊東家の長女。スマホは好きだが、プログラミングにはまったく興味のない中学1年生

プログラミング教室の先生。パパの友人でもある。プログラミングの基本を教えてくれる

プログラミングって何ですか?

01 プログラミングって何ですか？

この本を読み始めた皆さんは、「プログラミング」という言葉で、どのようなことを思い浮かべるでしょうか？「プログラミング」を英語で書くと「Programming」となり、**「プログラム（Program）を作る行為」** を意味します。身近なところで「プログラム」といえば、運動会や演奏会などの「プログラム」を思い浮かべるかもしれません。例えば運動会のプログラムであれば、開会宣言、つなひき、リレー、玉入れなど、運動会で行われる演目とその順番がまとめられています。そして運動会に参加する人たちは、プログラムに書かれている通りに、つなひきやリレーを行っていくわけです。

コンピューターの世界にも、同じように「プログラム」があります。コンピューターのプログラムには、コンピューターに対して、「最初はこの動作を行い、次にこの動作を行ってください。また、ある条件になったときは、この動作を行ってください。」というように、**コンピューターに行ってほしいことが指示書としてまとめられています**。

コンピュータープログラムのわかりやすい事例として、よくロボットが取り上げられます。ロボットにやらせたい命令をプログラムにあらかじめ書いておき、実行させるのです。話題の掃除機ロボット「ルンバ」も、プログラムに従って動作し、部屋の掃除を行っています。

大人も子どもも大好きなゲームもまた、ゲームがどのように動作するかのプログラムが、ゲームソフトのカセットやダウンロードしたファイルにあらかじめ格納されています。子どもたちにとって身近なゲームも、実はこの「プログラム」がなければ動かないのです。そして、**これらのプログラムを作ること全般を「プログラミング」と呼んでいる**のです。

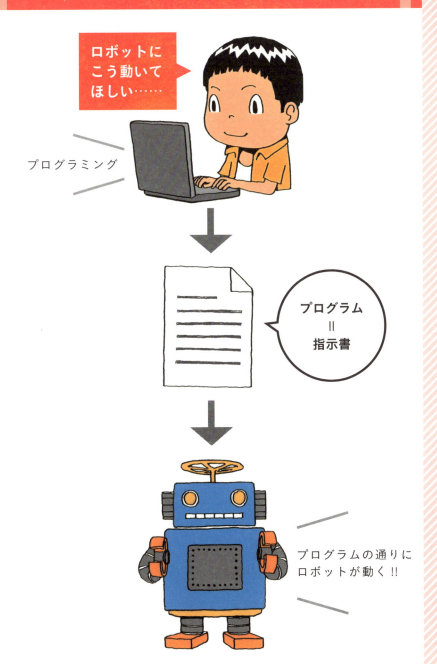

02 プログラミングは なぜ注目を集めているの？

今、プログラミングが注目を集めています。その背景には、大きく2つの理由があります。1つは「プログラミングによって作り出されるテクノロジーが身近なものになってきた」こと。もう1つが「プログラミングの知識を、皆が身に付けておくべきと考えられるようになってきた」ことです。

1つ目の理由としては、パソコンやロボットはもちろんのこと、洗濯機や冷蔵庫といった身近な家電製品もまた、プログラムによって動いています。そして皆さんが持っているスマートフォンもまた、プログラミングによって生まれた情報機器です。このように、==私たちの生活環境は、もはやプログラミングなしには成り立たない状況になっている==のです。

2つ目の理由には、==「政府や産業界からの要請や世界各国の動き」==が大きな影響を与えています。例えば、次のようなニュースを聞いたことがあるかもしれません。

- 産業界の著名人が、プログラミング教育の必要性を強調した
- 人工知能の発展でこれからの社会が大きく変化することが予想された
- 世界中でプログラミング教育への動きが活発になった
- 政府が「世界最先端IT国家創造宣言」を出した
- 日本の首相が義務教育でプログラミングを必修化すると発言した

このように、==身の回りを取り巻く環境が変化してきたこと==が、プログラミングに注目が集まるようになった要因といえます。そしてそれを受けて、子どものころからプログラミングの知識を学び始めるようにしようという動きが活発化しているのです。

第1章 プログラミングって何ですか？

プログラミングが注目を集めるようになった理由

プログラミングによって作り出されるテクノロジーが身近なものになってきた

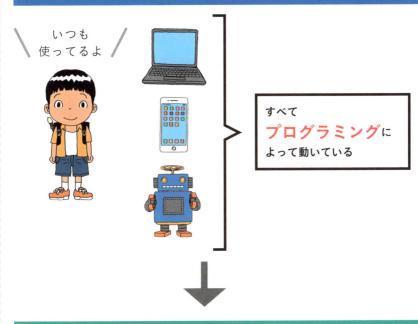

いつも使ってるよ

すべて**プログラミング**によって動いている

プログラミングの知識を皆が身に付けるべきと考えられるようになってきた

世界中でプログラミング教育の動きが活発化！

03 プログラミングが学校の授業になるの？

 最近、プログラミングが学校の授業に導入されることが、テレビや新聞で取り上げられるようになってきました。これは、**2020年から小学校の授業で「プログラミングで学ぶ」ことが導入されることになった**ため、先進的な学校での取り組みに注目が集まっているのです。前のページでも触れたように、社会はテクノロジーを中心に大きく変化していこうとしています。プログラミングの授業への導入は、これから社会に出ていくことになる子どもたちが、どんなことを学ぶべきかについて考え、できることを1つ1つ積み重ねていこうとする教育現場の挑戦であり、取り組みなのです。

ですが、ここで注意が必要なのは、教育現場で目指す「プログラミング教育」は、**プログラムを作るための「プログラミング言語」を学ぶことだけが目的ではない**ということです。目の前にある課題に対して問題点を分析し、論理的に整理すること。そして、整理した内容を1つ1つ検証して課題解決につなげていくこと。こうした考え方を、プログラミングを通じて体験的に身につけていくことが求められています。

ですから、子どもたちの生活や、子どもたちが学んだ知識の中に出てくる問題を、プログラミングという方法を使って解決をしていく。そのための能力の育成が、目的として設定されているのです。

こうした学びには、どうしても**成功や失敗といった試行錯誤の過程**が伴います。そのため、子どもたちが夢中になれる「楽しさ」が必要になるでしょう。さらに、学校がプログラミング教育に取り組む際には、地域社会との連携が求められます。本書をお読みの保護者の皆さんも、自分のできる範囲で、地域の子どもたちがプログラミングに慣れ親しむための環境作りに参加してみてはいかがでしょうか？

第1章 プログラミングって何ですか?

プログラミングの授業への導入は教育現場の挑戦

「プログラミング教育」の目的は
問題を解決するための論理的な思考力を
身に付けること！

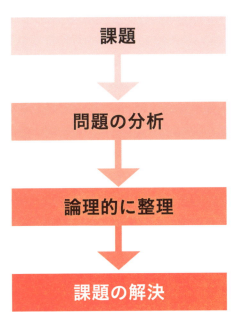

教育現場での挑戦

04 プログラミングは子どもに必要なの？

プログラミングが学校で教えられるようになるといっても、そもそも子どもにプログラミングの学習が必要なのでしょうか？ 2017年、ソニー生命が行った「将来なりたい職業」についてのアンケートで、中学生男子の1位が「ITエンジニア・プログラマー」、第2位が「ゲームクリエイター」になりました。さらに、高校生男子の1位もまた「ITエンジニア・プログラマー」でした。子どものゲーム好きはもちろんのこと、**小さいころからタブレットやスマートフォンに触れて育ってきた子どもたちにとって、大人が思う以上に、プログラミングは身近なものになっている**ようです。

プログラマーという職業は、いわばスマホやタブレットの中で動く「アプリを作る」仕事です。また、ゲームクリエイターという職業は「ゲームを作る」仕事です。スマートフォンやタブレット、パソコンを含むすべてのコンピューター上で動作するアプリやゲームは、プログラムなしには存在しません。そして、そのような職業を目指すのであれば**「プログラムを作る」ということは必要不可欠な経験**となるはずです。

子どもたちにプログラミングの知識が必要かどうかは、子どもたち自身がどのような道に進んでいくかによって変わってきます。それでも、プログラミングとはどのようなものなのか、プログラムによってアプリやゲームがどのように動いているのかを知らなければ、自分がその道に進んでいくべきかどうかを判断することもできないでしょう。その判断材料を広く与える機会として、小・中学校でプログラミングを体験しておく意義はあると思われます。学校の授業をきっかけに、子どもたちが大人になったときの、仕事の選択肢を広げる可能性もあるかもしれません。

子どもにとってプログラミングは身近なものになっている

\ 将来なりたい職業 /
中学生男子

1位 ITエンジニア・プログラマー

2位 ゲームクリエイター

（2017年、ソニー生命）

第1章　プログラミングって何ですか？

タブレット　　　ゲーム機

大人が思う以上に、子どもたちにとって
プログラミングは身近なものになってきている

05 プログラミングは社会に出てから役立つの？

身の回りを見てみれば、私たちは洗濯機、エアコン、テレビ、ゲーム機など、さまざまな製品に囲まれて生活しています。そして、これらはすべてプログラムによって制御されています。それにも関わらず、これまでプログラミングという仕事は、ごくごく一部の人が行う、専門職といってよいものでした。プログラムやプログラマーは、人知れぬところで動く、縁の下の力持ち的な存在だったのです。しかし、パソコンやスマートフォン、タブレットといった新しく登場してきた電子機器は、そのものがプログラミングの産物といってよいほど、プログラムに依存しています。これらの機器の普及に伴って、世界中で==「プログラミング」の重要性が高まってきています==。そして、==「プログラマー」の必要性も高まっているのです==。つまり、プログラムがなければ社会が成り立たなくなってしまうほど、プログラミングは社会に必要とされている、ということです。このように、時代とともに、社会に必要とされる知識は変化していきます。将来的に子どもたちが社会に出ていくということは、いずれこれらの作り手になるかもしれないことを意味しています。

とはいえ、職業としてのプログラミングは、プログラミングの１つの要素に過ぎません。必ずしも、==プログラミングそのものを仕事とする必要はない==のです。例えば「家庭や会社でこんなアプリがあれば便利なのに」と思ったとき、自分で簡単プログラムを作ることができれば、どんなによいでしょうか。

専門家だけでなく、すべての人が簡単なプログラムを作って、課題解決を行う。そんな時代が来れば、社会全体がより便利に、豊かになっていくのではないでしょうか。

プログラミングは必ずしも「仕事」にしなくてもよい

第1章 プログラミングって何ですか？

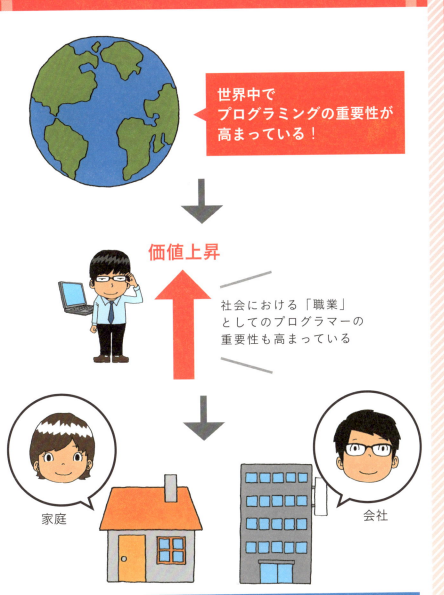

06 プログラミングはどこで教えてもらえるの？

 現在、全国各地にプログラミングを学ぶ場が増えています。その形態は、株式会社から非営利団体、個人事業主などさまざまで、教えている内容も異なります。プログラミングを学ぼうと思い立ったとき、どこを選べばよいのでしょうか？ 大切なことは、「自分に合った場所」かどうかを、その場に行って確認してみることです。

まずは関連イベントに参加してみましょう。代表的なプログラミング環境である「スクラッチ（Scratch）」は、毎年５月に「スクラッチデイ」というお祭りを開催しています。このスクラッチデイでは、ワークショップやタッチ＆トライなどを通じて、Scratch を使ったプログラミングに触れる機会が提供されています。このような場に足を運ぶことで、プログラミングを始めるきっかけが見つかるかもしれません。

また、ボランティアで運営されている「CoderDojo」もオススメです。基本的には「ニンジャ」（CoderDojo に来る子どもたちのこと）の関心に基づいて、自ら課題を設定して取り組みます。はじめてのニンジャには、基本を指南してくれる「チャンピオン」（CoderDojo の運営者）や「メンター」（ニンジャのサポート・相談にのる人）がいますので、自分のやってみたいことを相談してみるとよいでしょう。

身近なところにプログラミング教室があるなら、教室が開催する体験会に行ってみましょう。体験会の情報は、チラシや子ども向けの雑誌、習い事を特集した雑誌などに掲載されています。もちろん、インターネット上にもたくさんの情報があります。お住まいの地域（県・市町村）名を含めて検索してみましょう。体験会に参加して、雰囲気や運営者の考え方を聞いてみましょう。

プログラミングを学ぶ場はどんどん増えている

▲ スクラッチデイの Web サイト
URL day.scratch-ja.org

▲ CoderDojo の Web サイト
URL https://coderdojo.jp

第1章 プログラミングって何ですか？

07 プログラミングって難しくないの？

これまでプログラミングは、一部の専門家にしかできない、特殊な仕事だと思われてきました。そのため、「プログラミングは難しい」というイメージを持っている方が多いのではないでしょうか。例えば右ページ上の画面が、一般的なプログラムの画面です。英語や記号（コードと呼びます）が並んでいて、何のことかさっぱりわからないと思います。

しかし最近では、右ページ下のScratchのように、==カラフルなブロックを組み合わせることでプログラミングができ、文字のタイピングがほとんどいらない環境==も増えてきています。そのため、子どもでも取り組みやすく、ブロックを組み合わせればすぐにプログラムが動き出すので、作ってはやり直して、また修正して、といった試行錯誤も簡単です。

また、Scratchはパソコンのほか、iPad用のアプリPyonkeeでも利用できます。==多くのプログラミング環境は無料で、簡単にインストールできる==ため、思い立ったらすぐに始めることができます。このように、プログラミングを始めるためのハードルは下がってきているといえるでしょう。

子どもたちは、目の前に積み木があると、何もいわなくても自分の好きな建物や橋などを作り始め、そのあと、壊しては再び新しいものを作って遊ぶ、ということを繰り返します。プログラミングのハードルが下がったことで、この積み木に見られるような子どもたちの遊びが、プログラミング環境においても実現できるようになってきました。プログラミングは、試行錯誤なしにいきなり完成させることは難しく、プログラム上のまちがいである「バグ」を修正しながら、少しずつ完成へと近づけていきます。子どもにとっての積み木と同じような試行錯誤が、プログラミングでも重要になってくるのです。

プログラミングを始めるためのハードルは下がってきている

第1章 プログラミングって何ですか？

▲ 一般的なプログラミング環境の画面

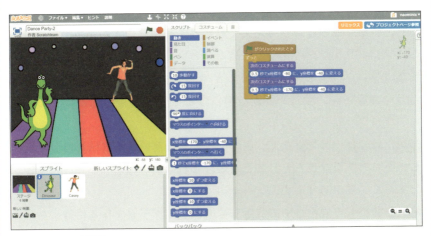

▲ Scratch の画面

プログラミングが上達する方法はあるの？

プログラミングというのは、プログラムを作って、それを使って、コンピューターとの間で対話を行うということです。英会話を学ぶことで、外国の人たちとやりとりをするのと似ていますね。英会話において、日々英語を使うからこそ上達するのと同じように、プログラミングもまた、**日々自分の考えたことをプログラムとして表現することを繰り返していく**中で、上達していきます。

また、英会話を学んでいる人どうしで会話を行うことで英語が上達していくように、プログラミングでも、同じことに取り組んでいる仲間とお互いの作ったプログラムを見せ合うことで、上達していく場合もあります。わからないながらも情報発信をすることで、**そこに助言をしてくれたり、一緒に悩みながら考えてくれたりする仲間や大人と交流すること**も、プログラミングの1つの上達方法といえるでしょう。

また、プログラムを作るということは、あくまでも方法にすぎません。自分やお客さん、会社の課題を解決するといった目的を達成するために、プログラムを作るのです。そうなると、プログラミングそのものの知識だけでは十分ではなく、**目の前の課題を解決する方法を自分で発見し、それをプログラムとしてどう表現すればよいのか**ということを理解しておく必要があります。

お米をおいしく炊くための炊飯ジャーのプログラムを作るには、お米のおいしい炊き方を知らなければ、温度制御などをプログラムで表現することは難しいでしょう。ですから、プログラミングの上達というのは、単にプログラムの作成ができればそれでOKというわけではなく、さまざまなことに関心を持って、普段からいろいろなことについて学んでおくことも大切なのです。

継続と交流がプログラミング上達への近道

自分で思いついたことを……

プログラムとして表現

繰り返す

日々プログラミングを
繰り返し行っていく中で上達していく

交流

仲間や大人と交流することで上達していく

第1章 プログラミングって何ですか？

09 プログラミング言語には どんなものがあるの？

語学に英語や日本語、ドイツ語やフランス語などさまざまな言語があるように、プログラミングの世界にも、さまざまなプログラミング言語があります。プログラミング言語には、特定の目的に特化したものや、汎用的に使われるものなど、用途に応じてさまざまなものが用意されています。いわば、工具箱の中の工具を、必要に応じて最適なものを選んで使う、といったイメージで考えてみてください。このように、**プログラミング言語はそれを使う人の目的によって、どれを選ぶべきかが変わってくる**のです。

また、大人向けの言語とは別に、子ども向けのプログラミング言語というものが存在します。子ども向けのプログラミング言語では、英語がわからない、キーボードで文字を入力できない子どもたちのために、**マウスや画面のタップ操作だけでプログラミングができるようになっています**。お子さんがプログラミングを始めるのであれば、最初はこうした言語が選択肢になるでしょう。

例えばiPadで動作するプログラミング言語には、「ビスケット（Viscuit）」「スクラッチジュニア（ScratchJr）」「ピョンキー（Pyonkee）」「スウィフト・プレイグラウンズ（Swift Playgrounds）」「ティックル（Tickle）」などがあります。iPad内で完結するものから、ロボットと連携できるものまでさまざまです。興味・関心に応じて選択するとよいでしょう。

パソコンを使える年齢になると、使えるプログラミング言語は一気に広がります。「スクラッチ（Scratch）」「スモウルビー（Smalruby）」などです。このように、子どもの年齢に応じて、選択できるプログラミング言語は多々あります。本書では、パソコンで使える「スクラッチ（Scratch）」を選んで、ご紹介していきます。

目的によって選ぶべきプログラミング言語が変わってくる

第1章 プログラミングって何ですか？

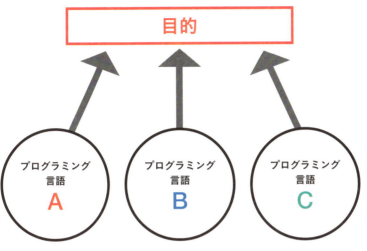

目的によってどのプログラミング言語を選べばよいかが変わってくる

子ども向けのプログラミング言語もたくさんある

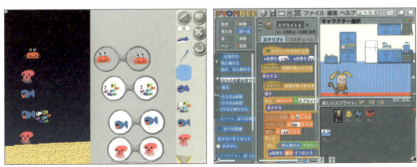

▲ビスケット（Viscuit）　　▲ピョンキー（Pyonkee）

> **章末コラム**

親子で学ぶことの意味

現代版文武両道とは

小学校でプログラミング必修化が決まり、大人にとっては自分たちが受けてきた小学校教育には無かったものが導入されることに戸惑いもあるでしょう。しかし、本文でも触れたようにコンピューターが身近な存在となり、大人も一緒に新しいことを学ぶチャンスが生まれました。

親子で一緒に学ぶことの意味は、子どもたちの学びの場を作るためにあります。新しいことを否定して遠ざけるのではなく、積極的に関わって学べる場を作ることに協力していく視点が大切です。

そして、筆者が保護者の方に必ず話していることがあります。それは子どもたちに野外で思いきり遊ぶ時間を持ってほしいということです。

身の回りの家電製品等は、かつて人間が手作業でやっていたことをコンピューターを使って自動化しています。正確な表現ではありませんが「アナログ」でやっていたことを「デジタル」で解決している、というとわかりやすいでしょう（デジタル・アナログは物事の捉え方・表現方法の違いなのですが、言葉の誤用が広がり、二項対立する概念となってしまいました）。やっていることは同じですが、コンピューターによって快適な生活が送れていることに疑問はないと思います。

自然界に存在する様々な法則は、私たちに大切な気付きを与えてくれます。それらをコンピューターによる問題解決に応用することができれば、私たちの生活をより豊かにしてくれるのです。だから「子どもは外で遊んでさえいればいい、プログラミングはいらない」と偏るのではなく、発達段階に合わせて適切なバランスで取り組んでほしいのです。それが現代版の「文武両道」であると考えています。

プログラミングの考え方を知ろう！

01 プログラミングを始めよう！

前章では、「プログラミングってそもそも何なの？」という疑問にお答えしてきました。この章では、「それじゃあ、実際に子どもと一緒にプログラミングを始めてみようかな？」と思った皆さんのために、プログラミングを行っていく上で知っておいてほしい考え方を簡単に見ていくことにしたいと思います。

プログラミングの世界は、プログラムの内容次第でいろいろなことが実現できる、広大な海のようなものです。そんな広大な海に、なんの計画も地図もなしに漕ぎ出していくのは、あまりにも無謀というものです。プログラミングの海に漕ぎ出す前に、**自分が今何を行っているのか、次に何をすればよいのか**を知っておくことで、次に行く場所、戻る場所がわかりやすくなります。それによって、プログラミングの途中で何をすればよいのかわからなくなり、行き詰まってしまうのを防ぐことができるのです。はじめて行く場所でも、地図があれば安心、というのと似ていますね。

いろいろな趣味やスポーツでもそうですが、最初からいきなり全力疾走で走り始める必要はありません。小さな基本を大切にしながらスタートして、**少しずつ高度なことにチャレンジしていく**ようにします。プログラミングの世界も、そんなイメージで始めましょう。

例えば、キャラクターの１つの動きを作ったら、それをアレンジしながら動きの変化をいろいろと試してみましょう。それができたら、別のキャラクターを追加したり、別の変化を追加したりしてみましょう。その動きを見ている内に、それを使ったゲームのアイデアが思い浮かぶかもしれません。いきなりゴールを目指して走り始める必要はないのです。

プログラミングを始める前に知っておいてほしいこと

第2章 プログラミングの考え方を知ろう！

自分が今いる場所を知っておくと安心!!

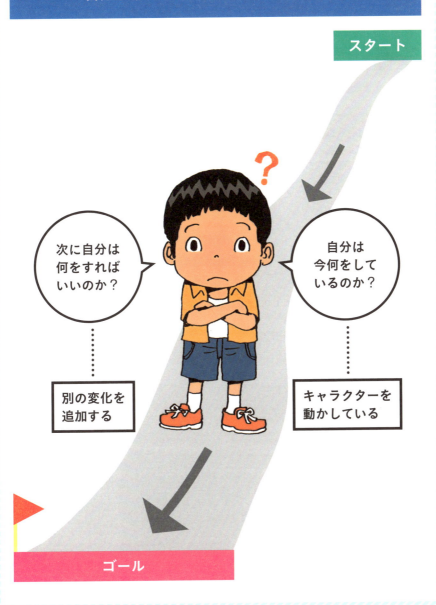

07 プログラミングは「学習」ではない？

プログラミング（という活動）をしていくためにプログラミング言語を学ぶ必要がある、というのはその通りです。ですが、これまでにも触れてきたように、**プログラミングは目的を達成するための道具にすぎません**。例えば、カレーを作るという目的を達成するためには「料理」が必要です。そのためには、ガスコンロや包丁の使い方などを「学習」する必要はありますが、一度覚えたら、それはカレーを作るという目的を達成するための「道具」にすぎなくなります。

プログラミングも同様です。プログラムの書き方を覚えるところまでは、「学習」なのかもしれません。でもそれは、プログラミングという活動をするための準備段階にすぎません。プログラミングは、**新しいゲームやアプリを作り出したり、それによって問題を解決したりするのが、本来の目的**なのです。

例えば絵を描くという目的のためには、色鉛筆や絵の具といった道具が必要になります。これらの道具は、自分が相手に伝えたいことを表現するための手段であって、目的ではありません。これと同じように、プログラミングは、**自分のアイデアを具体的な形にして相手に伝えるための「表現手段」である**ということを覚えておいてください。

プログラムを作成して表現したものは、インターネットを通じて多くの人に伝え、実際に動かしてもらうことができます。これまでの道具では伝えきれなかったことを伝えることができる、表現の幅を大きく広げることができる道具がプログラミングであると考えてください。プログラミングは、それ自体が目的なのではありません。相手に具体的なアイデアを伝えるための表現手段なのです。

第2章 プログラミングの考え方を知ろう！

プログラミングの学習
↓
準備段階

プログラミングの本来の目的

新しい
ゲーム

新しい
アプリ

多くの人の問題解決

03 プログラミングの「流れ」を知ろう

それでは、プログラミングを始めていくにあたって、最初に<mark>プログラミングという活動全体の「流れ」</mark>を見ていきましょう。最初に地図を見ることで全体の流れを知って、迷子にならないためのイメージをつかんでください。この本では、プログラミングを以下の３つの流れに分けて考えます。

❶「作りたいもの」を決める
❷作りたいものの「設計図」を作る
❸設計図を「プログラム」にする

例えば、積み木が目の前にあったとしましょう。すると、それを使って「どんなものを作ろうか」と考えると思います。そして、<mark>作りたいもの</mark>が決まったら、それをどんな形に積み木を並べることで実現するかを考えます。頭の中で想像してもよいですし、紙に描いてみてもよいでしょう。これが<mark>設計図</mark>になります。あとは、その設計図に基づいて、実際に積み木を並べていきます。この積み木を並べる作業が、<mark>「プログラミング」</mark>ということになります。

積み木だと、どんな種類・形の積み木を使えば目的のものが作れるのか？　ということを考えます。プログラミングの場合は、どんな命令を使えば目的の動作を実現できるかを考えます。１回で思った通りに動けば最高ですが、実際にはなかなか難しいので、プログラムを修正しては実行、修正しては実行を繰り返して、意図した動作を実現していきます。最初はできるだけ簡単なテーマでスタートします。いきなり大規模なものを作ろうとすると、ゴールがなかなか見えなくなってしまうので注意してください。大切なことは<mark>「小さく始めて大きく育てていく」</mark>を心がけることです。

プログラミングは「作りたいもの」から始まる

❶「作りたいもの」を決める

❷ 作りたいものの「設計図」を作る

❸ 設計図を「プログラム」にする

第2章 プログラミングの考え方を知ろう！

04 プログラミングの重要な考え方を知ろう❶

プログラミング言語にはさまざまな種類がありますが、それが作られた目的や考え方によって、異なる部分がたくさんあります。それでも、多くのプログラミング言語に共通した考え方もたくさんあります。ここでは**プログラミングに共通の「重要な考え方」**について知っておきましょう。

プログラムでは、自分が考えた動作をコンピューターに行ってもらうための命令を、上から順番に書いていきます。そして、その一連の命令を、コンピューターは上から順番に1つ1つ実行していきます。そして、コンピューターが最後の命令を実行すると、動作が止まります。これが、プログラミングの**「順次処理」**という考え方です。

プログラムによっては、処理が終わって、そこでプログラムの動作が終わってしまっては困る場合もあります。例えばゲーム中のキャラクターは、ゲームオーバーにならない限りはずっと動き続けてほしいですよね。そこで、ゲームオーバーにならない限り、「一連の命令」を繰り返したいときは、その命令を追加します。これが**「繰り返し処理」**です。また、ある条件になったとき、例えば穴に落ちてゲームーバーになったときは、繰り返しの処理から抜け出して、「ゲームオーバー」と表示をしなければなりません。こうした「穴に落ちたとき」のように、ある条件を満たしたときに行う処理のことを**「分岐処理」**と呼びます。

プログラムは、基本的にこの3つの考え方の組み合わせによって構成されています。そして、これらを組み合わせ、できるだけ近道となるようにすることで、よりよい（効率的な）プログラムを作成していくことができます。とはいえ用語を覚えることが目的ではなく、これらの処理を必要に応じて使えるようになることが大切です。

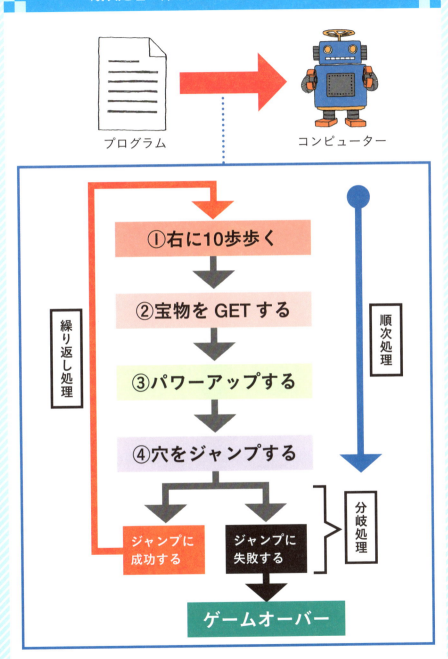

05 プログラミングの重要な考え方を知ろう❷

「プログラミングの重要な考え方を知ろう❶」では、もっとも基本的なプログラムの流れを紹介しました。ここでは、本書で紹介している Scratch に出てくる、もう少し応用的な考え方についても知っておきましょう。

==きっかけとなる出来事（キー入力やセンサーの反応など）==が起きたときにプログラムを実行する、という考え方があります。これを==「イベント駆動」==といいます。プログラムが動き始めるきっかけは、スタートボタンを押したり、キー入力だったり、背景が変わったり、センサーが変化を検知したりなど、さまざまです。

この考え方では、複数のイベントが同時に発生することもあり、それぞれの動作が同時並行に動くものを作ることができるようになっています。例えば、イベントをきっかけに異なる動きのプログラムが同時に実行されたり、キー入力を複数同時に受けつけたりすることなどです。

このような特徴がある環境では、==それぞれ異なる動きをするプログラムが、どのように連携するのかを意識してプログラミングする==必要があります。Scratch では、１つのキャラクターに対して複数の動きを並行して与えるようなスクリプトの書き方もできます。例えば、次ページの図のように「上と右に10歩動く」と指示した場合、その動きの結果は「斜め右上に移動する」ということになります。

Scratch は、ブロックを組み合わせて即実行することができます。試行錯誤しながら、どのような結果になるのかを試しながら進めていきましょう。

イベント駆動を知る

イベント駆動

プログラミングが動き始めるきっかけ
＝イベント

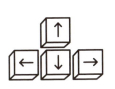
キーが押される

センサーが反応する

プログラムの実行

複数のプログラムが並列して動くこともある

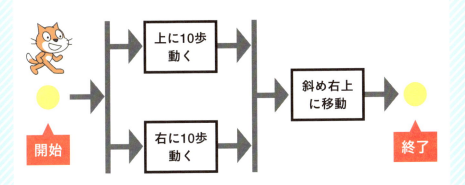

06 まずは「何を作りたいか？」から始めよう

P.42でお話したように、プログラミングで最初に考えるのは、「作りたいものを決める」ということです。心の中で、「何を作りたいか？」と自分に聞いてみましょう。でも、いきなりそう聞かれても、すぐにアイデアを思いつく人はそんなにいないでしょう。そんなときは少し見方を変えて、例えば==「こんなものが欲しいな」とか「もう少しこうだったらよいのに」と感じていること==に目を向けてみましょう。

例えば、「こんなゲームがあったらいいのに」という思いがあれば、それが「何を作りたいか？」につながっていきます。「こんなスマホアプリがあったらいいのに」と思えば、それも「何を作りたいか？」につながっていきます。

例えば自分が欲しいゲームのアイデアを思いついたら、今度は==そのゲームの特徴を紙に書き出してみましょう==。とはいえ、ここで市販ゲームのような壮大なものを想像してしまうと、とても一人では実現できないものになってしまいます。最初は、自分が考えたゲームの中心になる部分に絞って、考えてみるとよいでしょう。

「ゲーム」とは「遊びのルール」のことですから、==自分の思い描くゲームのルールになりそうな項目==を挙げてみます。「何人で遊ぶゲームなのか」「登場キャラクターはどんなものにするのか」「キャラクターはどんな技、能力を持っているのか」「キャラクターは何で操作して、どんな風に動くのか」「どういう状態になったらゲームクリア、ゲームオーバーになるのか」といったことを決めていくのです。

このように、身近なところから小さなアイデアややりたいことを発見して、それを解決することからスタートするのがよいでしょう。

第2章 プログラミングの考え方を知ろう！

自分が欲しいものから見つけていく

こんなゲームがあったらいい！

- 主人公はネコのキャラクター
- 敵の弾に当たったらゲームオーバー
- 2人で遊べる
- ネコはビームを出せる！
- ネコはマウスで動く
- 舞台は宇宙

07 プログラムの「設計図」を作ってみよう

思いついたアイデアをもとに、キャラクターやそれらの動き、ゲームのルールが決まったら、プログラムの「設計図」を作ってみましょう。前の節で考えたアイデアの中で一番思い入れがあるのは、自分が操作するキャラクターであることが多いと思います。そこで、まずはキャラクターの動きを作るところから考えてみます。例えば、プレイヤーが操作するキャラクターは、「マウス操作で動作する」ことにしたとしましょう。そこで、次のような設計図を考えてみます。

❶ ゲームがスタートしたら、ユーザーがマウスを動かす方向にキャラクターが歩いていく動きをする
❷ マウスのボタンが押されたら、別のキャラクターに向けて弾を撃つ
❸ 相手のキャラクターに捕まったら、ゲームオーバーにする

このほかにも、このキャラクターに関連するルール（例えば、画面の端にぶつかったときにどのように動くか、など）を、設計図として書き出していきます。文章でなくても、簡単な絵として描いておくと、実際の動作がイメージしやすくなります。これを、敵や味方など、登場するキャラクターごとにまとめていきます。

設計図を作るときは、最初は1つのキャラクターの小さな動きを作るところからスタートしましょう。それがうまくいってから、キャラクターを増やしたときの設計図を考えてみてください。慣れてきたら、全体の設計を考えてみるようにしましょう。

キャラクターの小さな動きからスタートする

キャラクターの動きを「設計図」として書き出していく

❶
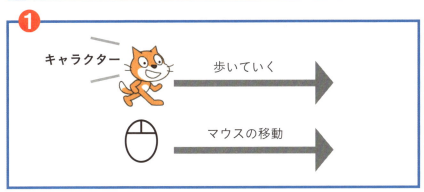

❷

❸

第2章 プログラミングの考え方を知ろう！

設計図ができたら
プログラムに落とし込もう

　設計図を書いたら、いよいよ、それら１つ１つをプログラムにしていきます。この作業は、自分が考えた設計図を実現するのに、**プログラミング言語のどの命令を使えばよいのかを知っていなければなりません**。また、自分で決めたルールが設計図としてうまく表現できていないと、プログラムに落とし込むのも難しくなります。これは少しずつ慣れていくことでできるようになるので、はじめはうまくいかなくても、気にしないでください。

　また、英語と日本語では同じものを指すときにもちがう言葉を使うように、利用するプログラミング言語によって、意図した動きを表現するための方法は異なります。ですから、設計図からプログラムに落とし込んでいく作業をする際には、**それぞれのプログラミング言語が持っている機能をよく知っておくことが大切**です。文字だけで作るプログラミング言語では、どのコードがどんな命令を意味するのかは、本やマニュアルを見なければわかりません。また、ビジュアルな要素が用意されていないことも多いので、実際にコードを書きながら、それがどのような動きをするのか、自分で想像してみる必要があります。

　ですが、Scratchのように、ブロックを使ったプログラミング環境であれば、**使える命令が目で見てわかる形で整理され、日本語でその意味が表示されています**。小さなお子さんでも、これらのブロックを実際に組み合わせて使っていくことで、その機能を理解していくことができます。

　このように、プログラミングは自分が書いた設計図をそれぞれの言語に翻訳していく作業である、と考えることができます。それによって、コンピューターに、自分の意図を伝えることができるのです。

設計図をプログラミング言語に翻訳していく

設計図①

マウスを動かす方向にキャラクターが10歩ずつ歩いていく

＼ プログラム（イメージ）／

設計図②

マウスをクリックしたら弾を撃つ

＼ プログラム（イメージ）／

※ここで紹介しているプログラムは実行を想定したものではなく、イメージとして示したものです

09 大切なのは「考える作業」を繰り返すこと

ある目的地に向かうとき、その道順や手段は1つではありません。それと同様に、プログラムで解決しようとしている問題の解決方法も、1つではありません。そのためプログラミングでは、最初に自分の考えた解決方法を試してみて、それでうまくいけば終わり、というわけではありません。一度結果が出たら、**同じことを実現するためのもっとよい方法はないかと模索し続けることが大切**なのです。

これまでにも触れてきたように、プログラミングは新しい道具を自分で作り出したり、問題解決の方法を作ったりするのが本来の活動です。つまり、「考える」という活動と密接に関係しているのです。自分の考えたことをコンピューターに実行してもらうために、どのような言葉でコンピューターに伝えればよいのか。それを考え続けることが、プログラミングであるともいえるでしょう。

コンピューターは人間とちがい、融通が利きません。人間どうしであれば簡単に伝えられることでも、コンピューターが相手では、うまくいかないことが出てきます。コンピューターに、意図した動作を正しく行ってもらうためには、コンピューターができることとできないことを知って、**トライ＆エラーを繰り返しながら問題の解決方法を試していくこと**が大切になるのです。

結果が同じでも、遠回りよりも近道の方がよいでしょう。さらに、ある場面ではとても近道だった解決方法が、別の場面ではそうではなくなってしまうこともあります。すべてに万能な方法があるわけではないのです。プログラミングにおいては1つの方法にとらわれず、一番よい方法はどれなのかをじっくりと考えることが大切になります。

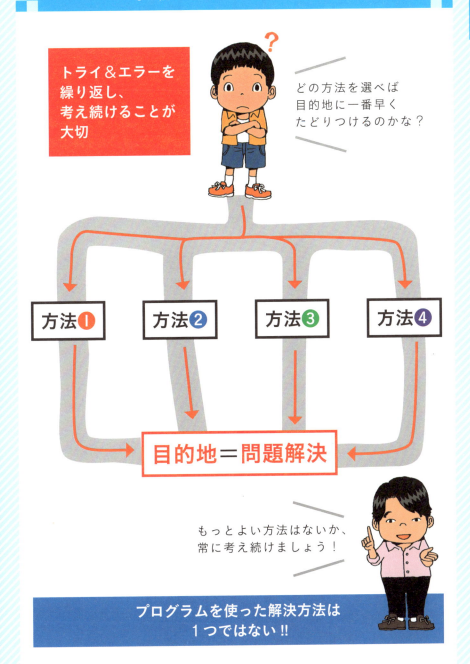

10 「まちがえる」ことを大事にしよう

自分の考えたアイデアを設計図に基づいてプログラムにしても、実際に動かしてみるとなかなか思ったような動きにはならないものです。プログラミングの経験を積んだ人でも、最初からまちがいの無いプログラムを作るのはとても難しいことです。ですから、まちがえるのは当たり前のこと、と考えて、少しずつ正しい動きへと近づけていくように考えましょう。プログラムにおけるこうしたまちがいのことを、<mark>「バグ」</mark>と呼びます。そして、このバグを解消することを、<mark>「デバッグ」</mark>といいます。プログラミングでは、この「デバッグ」活動がとても大切なのです。

皆さんが遊んでいるスマホやゲーム機のゲームにも、「バグ」はあります。ゲームプログラマーの人達がたくさんのバグを無くす努力をしてから手元に届けられているものですが、それでも残ってしまったものが、皆さんの目に触れる「バグ」というわけです。プロの人達も、この手強い相手（バグ）と向き合っているのです。

もともと融通のきかないコンピューターに対して人間が考えた複雑な作業を伝えるのですから、これはとても大変なことです。コンピューターが意図したように動かなかったとしても、自分がプログラムを少しずつ直していきながら<mark>「コンピューターを育てていく」という感覚で付き合っていく</mark>のがよいでしょう。

小さなまちがいを直していく試行錯誤を積み重ねることで、新たな問題解決の方法を見つけ出すきっかけとなることもあります。世の中を便利にしているものの多くは、失敗やまちがいと向き合い、解決方法を見出して困難を乗り越えて作り出されてきたものです。どんな発明も、いきなり完璧なものができるわけではないことを知っておきましょう。

まちがえることは当たり前と考える

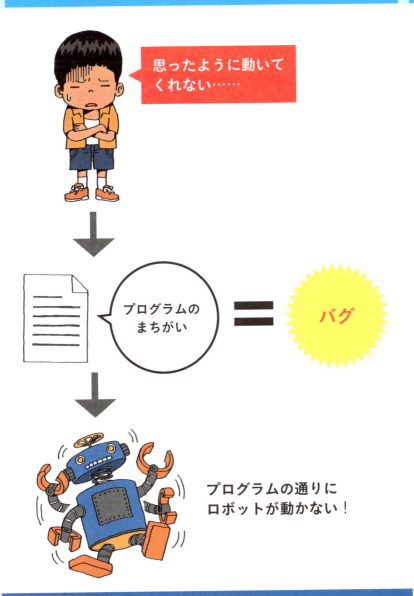

第2章 プログラミングの考え方を知ろう！

まちがえるのは当たり前！
試行錯誤の積み重ねが重要

11 親子で一緒に考えよう！

　プログラミングというと、黙々と1人で取り組むというイメージが強いかもしれません。でも、実際にはペアを組んで対話しながらプログラミングを行う、「ペアプログラミング」という方法もあります。ペアプログラミングでは、実際にコードを入力する人（ドライバー）と、それを横から観察して問題点などを指摘する人（ナビゲーター）という2つの役割に分かれてプログラムを作っていきます。複数の人で話をしていく中から生まれてきたアイデアや改善策が反映されて、プログラムがよりよいものになっていくのは、とてもうれしいことです。ですので、ぜひお子さん1人でプログラミングに挑戦するのではなく、親子、あるいは友達と一緒にプログラミングを体験してみてください。

　そうはいっても、保護者の人がいつも付きっきりで一緒に考えるというのは、なかなか難しい場合もあるでしょう。壁にぶつかって悩んだときには、質問タイムを作って一緒に考えるようにしよう、といった約束事を決めておくのもよいと思います。

　また、親子で悩んでも解決できないことがあったら、プログラミング教室に参加してみたり、インターネットで検索してみたり、関連する本を探してみたり、Scratchのようなコミュニティがある場合はそこで質問してみたりといったことも含めて、親子一緒に解決策を考えてみてください。さらに、身近なところに相談できるような人や場所があれば、そこで相談してみるのもよいでしょう。

　そもそもプログラミングの世界は、たった1人で作られてきたものではありません。大勢の人の試行錯誤と協力があって、現在まで来ているのです。プログラミングをこうした探求活動の世界として考え、さまざまなことを調べて問題を解決していく楽しさを知っていくのも、プログラミングの魅力の1つなのです。

プログラミングは1人で行うものとは限らない

第2章 プログラミングの考え方を知ろう！

対話しながらプログラミングをする
＝ペアプログラミング

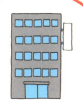

プログラミング教室

インターネット

解決策を考える

関連書籍

相談できる人

章末コラム

身近な課題を解決する

プログラミングでみんながハッピーに

プログラミングの活動を、自分とは無縁のものと考えている人は多いかもしれません。しかし、身の回りにコンピューターがたくさんあることは、第1章でも触れました。そして、それらコンピューターが解決してきたことは、すべて身近な問題（掃除・炊事・洗濯など）の課題解決でした。もし、1人ひとりが自分の小さな課題を解決できたなら、それらが積み上がって大きな問題になる前に、問題が解決されてしまう可能性も高くなるはずです。

プログラミングによって課題解決ができるようになると、コンピューターを自分の分身のように動かせるようになります。すると、それによって浮いた時間を有効に利用することが可能になります。結果として、みんながハッピーになっていく、ということになるのです。

では、子どもたちにとっての身近な課題とはなんでしょうか。「ゲームを作りたい」「音楽を作曲したい」「アニメーションを作りたい」「おしゃれなアクセサリーを作りたい」「ロボットを動かしたい」など、それぞれ興味関心は多岐に渡ると思います。これらを実現するハードルは低くなっていて、背中を押してあげられる大人が増えれば、「作ることを通じて学べる」機会が増えていきます。

子どもたちの「作りたい」を応援できる環境を実現していけば、ものづくりの道具としてのコンピューターを味方につけて、子どもたちが未来を作る原動力になるでしょう。未来は「来るのを待つ」ものではなく、「自ら作りだしていく」ものであると考えられるようになることを願っています。

60

プログラミング言語を知ろう!

01 これがオススメ！子ども向け言語❶
Scratch（スクラッチ）

「Scratch」（スクラッチ）は、アメリカMIT（マサチューセッツ工科大学）のメディアラボで開発されたプログラミング言語です。日本では、本書の監修者でもある阿部和広さんが、長年に渡って普及活動に取り組んでいます。

Scratchは、**命令別に色分けされたブロックを組み合わせる**ことで、プログラミングができるように工夫されています。ゲームの作成に必要な音楽や効果音、イラストといった要素は自分で作ることもできますし、あらかじめ用意されたものを使うこともできます。Scratchでは、ブロック（命令）の組み合わせでプログラムが作れることから、コードの入力まちがいによる失敗がありません。とはいえ、高度なことを実現するには、一般的なプログラミング言語と同様の考え方を理解している必要があります。

Scratchには、パソコンにインストールして使用するバージョン1.4と、本書で紹介している、Webブラウザで使用する2.0があります（オフライン版もあります）。2018年には3.0が登場し、様々な機器で動作するようになる予定です。

また、Scratchには**センサーなどの外部機器を接続することができる**ので、Scratchを通じて現実世界とつながりのあるものを作ることも可能です。

iPadでは、「Pyonkee」（ピョンキー）を使うことができます。タブレットでプログラミングを始める場合にオススメです。また、MITメディアラボからは、「ScratchJr」（スクラッチジュニア）というツールも出ています。こちらは5歳以上の子どもが、シンプルなブロックを使って動く絵本などを作れるようになっています。

ブロックの組み合わせでプログラムを作れる

第3章　プログラミング言語を知ろう！

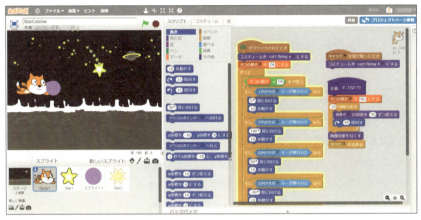

▲ Scratch2.0のプログラミング画面

▲ Pyonkeeでは、iPadのセンサーを活用したプログラミングができる。上の画面は、iPadを傾けることでスプライトを動かすプログラム

これがオススメ！子ども向け言語❷
Viscuit（ビスケット）

「Viscuit」（ビスケット）は、合同会社デジタルポケットが普及に努めているビジュアルプログラミング言語です。代表の原田康徳さんが開発を進めていて、NTT研究所より2001年2月に最初のバージョンがリリースされてから、現在はパソコン、タブレット、スマートフォンなど、多くの機器で動作するようになっています。Scratchなど、そのほかの言語とは異なり、Viscuitでは「めがね」と呼ばれる道具を使って、「ぶひん」と呼ばれる絵をどのように変化させるのかを宣言することで、「ぶひん」の動きをアニメーションとして表現することができます。

シンプルな方法でありながら、「めがね」を複数組み合わせたり、「めがね」に複数の「ぶひん」を入れて、「ぶひん」どうしがぶつかったときの動きを表現したりするなど、コンピューターを使った豊かな表現が実現できるようになっています。これにより、ゲーム、音楽、アートなど、表現の幅が一気に広がるという特徴を持っています。

こうした表現を通じて「プログラミングの可能性」や「コンピューターとは何か」を理解するためのツールとして、Viscuitは多くのプログラミングのワークショップで活用されています。

また「ビスケットランド」という、ワークショップ参加者の作品を集めて表示する機能もあります。これにより、テーマに沿った作品作りを通じて、参加者どうしのコミュニケーションが促進されるしくみになっています。「ビスケットランド」を使ったワークショップでは、参加者がビスケットランドに自分の作品を次々に発表していくことで、表現した内容や工夫の振り返りを行ったり、ほかの参加者からのフィードバックを得たりすることができます。

「めがね」と「ぶひん」で多彩な表現が可能になる

第3章　プログラミング言語を知ろう！

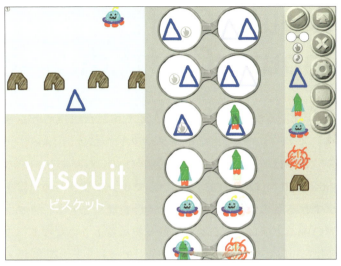

▲ Viscuit のプログラミング画面。シューティングゲームを作成している

▲ ワークショップ参加者の作品は、ビスケットランドに集めて表示されている。テーマを決めて作品作りをすると、共通の話題で楽しく進められる。上の画面のテーマは「草むら」

03 これがオススメ！子ども向け言語❸
ComputerCraft／ComputerCraftEdu（Lua言語）

「マインクラフト」は、子どもたちに大人気のサンドボックスゲームです。「マインクラフト」には、「Mod」（モッド）と呼ばれる改造・機能拡張プログラムがあり、その1つに==「ComputerCraft」（以下「CC」）というマインクラフトの世界をプログラミングできるもの==があります。このCCを使うことで、マインクラフトの世界の中で、プログラミングに取り組めるようになっています。

このCCは、Luaという言語を使って、「タートル」と呼ばれるロボットブロックの動きをプログラムできるようになっています。これにより、タートルロボットに自動的に整地させたり、鉱石を採掘させたり、モンスターを討伐させたり、レッドストーン信号を出力させたりと、==さまざまな活動を自動化する==ことができます。Lua言語はファイナルファンタジーXIVなどでも使われている、本格的な言語環境です。一般的なプログラミング言語と同様、コードを書くことで命令を行う言語なので、Scratchのようなブロックプログラミングからのステップアップとして学んでみるのもよいでしょう。

また、==「ComputerCraftEdu」==というバージョンには、ブロックプログラミングの環境も用意されています。ブロックで作ったプログラムをLua言語に変換することで、ビジュアルプログラムとテキストプログラムを対比してみることもできます。難易度としては中学生以上が主な対象になりますが、小学校高学年でもチャレンジできるかもしれません。
なお2017年10月に、Minecraft for Windows10で教育版マインクラフトと同じブロックプログラミング環境が使えるようになりました。ブロックが日本語表記なので、小学生はこちらに挑戦してみましょう。

マインクラフトの世界をプログラミングできる

▲ ComputerCraftEdu のプレイ画面。タートルロボットをリモコンアイテムで操作することができる。タートルロボットの見た目をアレンジしたり、プログラミングしたりするのもリモコンで行う

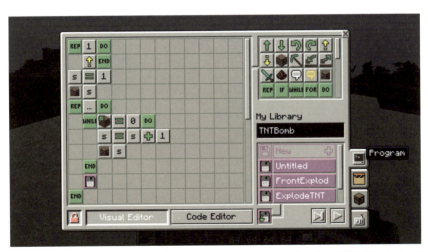

▲ リモコンのプログラムタブを開くとビジュアルエディターが開き、ここでタートルロボットのプログラムを作成する。ブロックで作成したプログラムは、Lua 言語のコードとして表示することもできる

04
これがオススメ！子ども向け言語❹
hackforplay（ハックフォープレイ）

「hackforplay」（https://www.hackforplay.xyz）は、==ゲームの攻略法そのものがプログラミングになっている==学習環境です。ハックフォープレイ株式会社で代表取締役をしている、寺本大輝さんが中心になって開発を行っています。

hackforplay でゲームを進行させるためには、==ゲームを動かしているプログラムそのものを改造（ハック）する==必要があります。すでに説明してきたように、ゲームはプログラムがなければ実現できません。ゲームの進行に指示を与えるプログラムがあってはじめて、ゲームが成立するのです。ところが hackforplay では、==それを動かすプログラムそのものにユーザーが手を入れることで、ゲームを楽しく展開していく==しくみになっています。つまり、ゲームを進めること自体が、プログラミング学習者の目的達成の方法となるように工夫されているのです。

hackforplay では、学習者のレベルアップに対応するために、自分で「ステージ」を追加することができます。また、こうした「ステージ」を学習者どうしで共有する環境も提供されています。Webブラウザだけで学習できるので、導入も簡単です。キータイピングは必要ですが、パソコンに慣れ親しむ1つの方法としても、おもしろい教材であるといえるでしょう。

hackforplay 開発者の情熱は「プログラミングを楽しむ」ことにあり、それが主体的にプログラミングを学ぶことにつながっていくことを伝えたいという思いが込められています。ゲームが大好きだからこそ超えられるハードルというものがあると思います。そこからプログラミングの学びにつながっていくのが理想ですね。

プログラムに手を入れることでゲームが成立する

▲ Web ブラウザで hackforplay の Web サイトを表示した画面。「今すぐプレイ」をクリックすると、すぐに hackforplay を体験できる

▲ hackforplay プレイ中の画面。左側がゲーム画面で、中央がゲームのプログラムコードエディタ、右側に解説動画が表示される。プレイヤーが必要とする情報をうまく画面に配置して、プレイしやすく工夫されている

第3章 プログラミング言語を知ろう！

05

これがオススメ！子ども向け言語❺
JavaScriptブロックエディター for micro:bit

「micro:bit」は、イギリスBBC（英国放送協会）が開発してイギリスの11歳と12歳の小学生全員に配布している、低消費電力、低コストな**教育用マイコンボード**です。Webブラウザ上でマイクロソフト提供の**「JavaScript ブロックエディター」**（https://makecode.microbit.org/）を使ってプログラムを作成できるので、パソコンでプログラミングを行うための環境構築が必要ありません。

完成したプログラムは、ダウンロードボタンを押してパソコンにダウンロードし、USBケーブルでパソコンにつないだmicro:bitにプログラムをコピーするだけで完了です。特殊な機器やアプリも必要ありません。なお、micro:bitはアメリカ・カナダに続き、2017年8月5日に日本に上陸し、国内でmicro:bitを入手することができるようになりました。

JavaScriptブロックエディターは、右ページの画面のように**ブロックを組み合わせることで簡単にプログラミングを行うことができます**。音楽を鳴らしたり、サーボモーターを動かしたりするプログラムを作成すると、それらの機器を実際に接続しなくても、シミュレーター上に接続方法を表示して、**外部機器の動作をシミュレーションしてくれます**。開発環境を準備する手間がほとんど無く、センサーやLED類ももともと搭載されているものだけで始められるので、電子工作に不慣れな人でも楽しめます。

なお、このブロックプログラミング環境は、Minecraft for Windows10で使えるCode Connectというマイクラプログラミング環境とほぼ同じです。そのため、マイクラから電子工作への移行も可能にしてくれることでしょう。

Webブラウザ上でプログラムを作成できるマイコンボード

▲ Webブラウザでmicro:bitのプログラミングをしている画面。ブロックを組み合わせてプログラムを作成し、Webブラウザ上のシミュレーターで動作確認ができる。また、JavaScriptへの表示切り替えも可能なので、ステップアップを目指す足掛かりになる

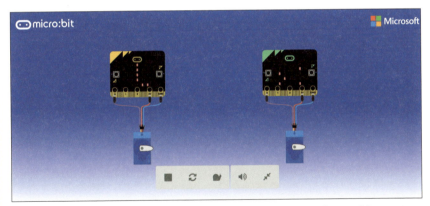

▲ JavaScriptブロックエディター for micro:bitでは、Webブラウザ上のシミュレーターを全画面表示して、micro:bitの動作を確認できる

第3章 プログラミング言語を知ろう！

06 これがオススメ！子ども向け言語❻
Osmo Coding／Osmo Coding Jam

アメリカを拠点とする企業 Tangible Play 社が開発した「Osmo Coding ／ Osmo Coding Jam」（https://www.playosmo.com/ja/）は、==実際に手で持って組み立てるブロックと iPad を組み合わせてプログラムを作ることができる==、プログラミング環境です。Osmo Coding は、ブロックの組み合わせによって iPad 上のキャラクターの動きを表現し、課題をクリアしていくアプリです。Osmo Coding Jam は、ブロックを組み合わせてリズムや楽器の演奏をさせて楽曲を作り上げるアプリとなっています。

iPad や iPhone を専用の台に乗せ、ミラーのついた赤いパーツを iPad のカメラ部分にはめ込みます。これで、現実世界のブロックを iPad が認識してくれるようになります。Osmo には、ここで紹介した Coding／Coding Jam 以外にもさまざまなキットが用意されているので、プログラミング以前の知育玩具としても活用できます。大人もこの楽しさには夢中になってしまうのではないでしょうか。

Osmo Coding や Osmo Coding Jam は、未就学児や小学校低学年の子どもたちに適した環境といえるでしょう。iPad の画面ではなく、実際のブロックに触れられることはもちろん、子どもたちが対話をしながらブロックを組み合わせたりするような場面も想定できます。==タブレットの画面に縛られるのではなく、人間の手先の感覚も大切にしたい==、というニーズにも応えてくれるものといえるでしょう。

実際のブロックのデザインもシンプルかつカラフルで、磁石でつなげることができるので取り扱いも簡単です。課題解決や音楽作成を、プログラミングを楽しみながら行える環境としてオススメします。

ブロックと iPad でプログラミングができる

第3章 プログラミング言語を知ろう！

▶ Osmo Coding の画面。中央にいるのが Awbie というキャラクター。実際に手で持って組み立てるブロックをつないで、Awbie がイチゴなどを食べられるようにプログラミングする

▶ Osmo Coding Jam は、実際に手で持って組み立てるブロックをつないで作曲ができるアプリ。リズム・メロディー・ハーモニーをプログラミングして作品を作り、それをシェアすることができる

75

プログラミング言語の動作環境

プログラミングに必要なもの

この章で紹介した各プログラミング言語の動作環境を紹介します。実際に使ってみたいと思ったときの参考にしてください。

● Scratch2.0
【OS】Windows/macOS/Linux
【Webブラウザ】Adobe Flash Player が動作する Chrome35以降・Firefox31以降・Internet Explorer 8以降

● Viscuit
【OS】Windows/macOS/Android4.0以上/iOS6.0以降（iPhone、iPad、および iPod touch に対応）
【Webブラウザ：Adobe Flash Player が動作する Chrome・Firefox・Microsoft Edge・Internet Explorer
Adobe AIR アプリ版：Windows/macOS

● ComputerCraft
【OS】Windows/macOS/Linux
【Minecraft】1.2.5-1.8.9

● ComputerCraftEdu
【OS】Windows/macOS/Linux
【Minecraft】1.7.10,1.8.9
※ MinecraftForge のインストールが必須

● hackforplay
【Webブラウザ】Chrome・Firefox・Microsoft Edge・Internet Explorer

● JavaScript ブロックエディター
【OS】Windows/macOS/Linux
【モバイルアプリ】iOS 8.2以降/Android 4.4以降
【Webブラウザ】Chrome 22以降・Firefox16以降・Safari 6以降・Mobile Safari iOS 6以降・Internet Explorer 10以降

● Osmo Coding/Osmo Coding Jam
【OS】iOS 7.0 以降。iPhone、iPad、および iPod touch に対応
※使用するには Osmo ベース（台座とミラー）や Osmo Coding/Osmo Coding Jam のブロックが必須

第4章
プログラミングを体験しよう！

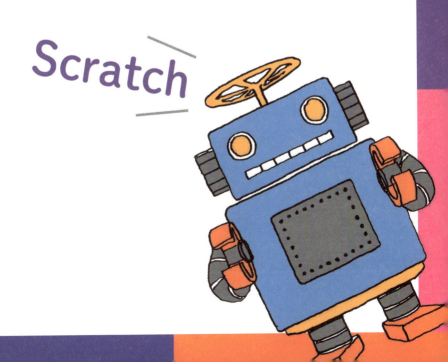

01 Scratcheでできること

現在子ども向けのプログラミング言語としてもっとも普及しつつあるのが、Scratch（スクラッチ）です。Scratch のWeb サイトにある作品を見ると、ゲーム、アート、アニメーション、音楽、プレゼンテーション、シミュレーション、パソコンのカメラ機能を使った AR（拡張現実）など、さまざまなことができることがわかります。これらの作品は、すべて Scratch のブロックカテゴリーに用意されているブロックだけで実現されています。限られた命令ブロックを組み合わせることで、これだけ多くの作品が生み出せるのです。

またブロックカテゴリーの「その他」をクリックすると、「拡張機能を追加」というボタンが表示されます。これをクリックすると「Extension Library」というウィンドウが開いて、「PicoBoard」というセンサーボードや「LEGO WeDo」が表示されます。PicoBoard には光センサーや音センサー、スイッチやボリュームが搭載されています。Scratch からPicoBoard を動作させることで、現実世界の光や音に反応させたり、オリジナルのゲームコントローラーを作ったりすることもできてしまいます。

例えば、センサーボードの光センサーの上に手をかぶせると、Scratchの「ステージ」の背景が夜になる、というようなことが実現できるのです。また LEGO WeDo を使えば、LEGO で作ったロボットを、Scratchのプログラム（以降はスクリプトと表記します）から動作させることができます。LEGO WeDo ならモーターの制御もできるので、動きのある作品作りができるようになります。このように、Scratch 単体に限らず、いろいろな機器と組み合わせることで、さまざまな可能性が広がっていくのが Scratch の魅力といえるでしょう。

Scratchにはさまざまな可能性が広がっている

▲ ScratchのWebサイトで「見る」をクリックすると、いろいろな作品を見ることができる

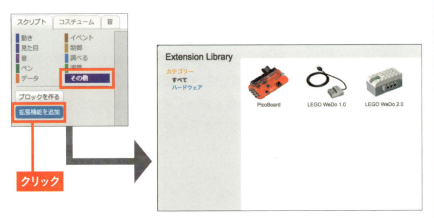

▲ 「その他」カテゴリーの「拡張機能を追加」をクリックすると、「Extension Library」画面が表示される

第4章 プログラミングを体験しよう！

07 Scratchを選ぶ理由

このように人気を集めているScratchですが、なぜ子ども向け言語としてScratchが選ばれるのでしょうか？ Scratchは、「低い床」「高い天井」「広い壁」という考え方に基づいてデザインされています。**「低い床」、つまり踏み込む段差が低く、簡単に始められること。「高い天井」、成長とともに高度なことにも対応できること。「広い壁」、さまざまな分野に応用できる**という特徴を持っています。これは、初級者から上級者までが、Scratchを使った作品作りを通じて、成長していくことができるということを意味しています。

こうした考え方と特徴の結果、利用者が増えていき、その分、作例も増えていきました。それに伴い、**関連書籍やインターネット上に情報が豊富にあること**も、多くの人がScratchを選ぶ要因となっています。

また、ブロックを組み立てることでスクリプトを作るというしくみから、一見簡単そうに見えるものの、実際にはテキストを使った通常のプログラミング言語と同様か、それに近い考え方を表現することができるようになっています。そのため、次のステップとして**本格的なプログラミング学習を始めるためのきっかけとしてScratchを捉える**人も多いのです。

Scratchは、子どもたちがやりたいと考える「ゲーム」「アート」「音楽」などにフォーカスを当て、本人にとって意味のあることに取り組み、想像、創造・表現、共有ができる環境を提供しています。特に、自分で作った作品をインターネット上で共有できる環境はScratchの重要な要素です。世界中のScratcher（スクラッチャー）と交流することで、作った人を尊敬する気持ちが生まれたり、その人のスクリプトからさまざまなことを学んだりする機会にもなるのです。

Scratchの3つの考え方

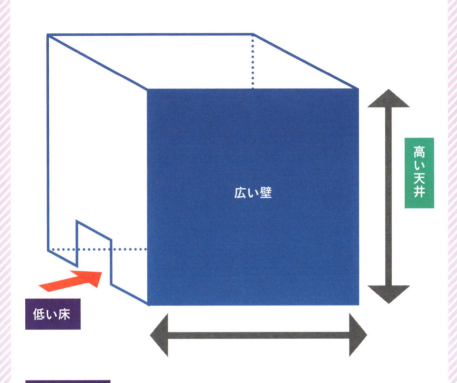

低い床	簡単に始められる
高い天井	成長とともに高度なことに対応できる
広い壁	さまざまな分野に応用できる

第4章 プログラミングを体験しよう！

Scratchの画面を知っておこう

それでは、いよいよ Scratch を始めてみましょう！ ここで説明するのは、Scratch 2.0になります。最初は保護者の皆さんが試してみて、慣れてきたら、お子さんに教えてあげるとよいでしょう。もちろん、最初から親子で学び始めたり、まずはお子さん1人に任せたりしてみるというのも1つの方法です。

01 Scratch オンラインエディターを開く

まずは、P.210の方法でクロームという Web ブラウザをインストールし、Scratch の Web サイト（https://scratch.mit.edu/）を開いてください。Scratch のロゴの右側にある、「作る」というボタンをクリックします。

すると、「Scratch2.0オンラインエディター」が開きます。最初に、主な場所の名称と役割を知っておきましょう。なお、P.216の方法でサインインしない状態で「オンラインエディター」を開くと、右側に使い方のTipsが表示されます。「X」をクリックすると、閉じることができます。

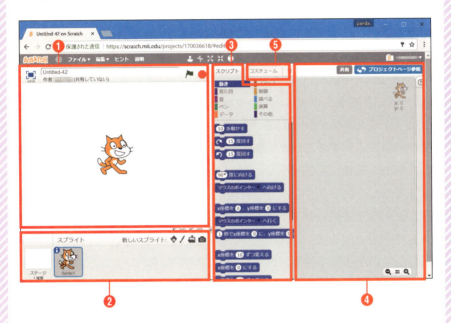

❶ステージ
スクリプトの実行結果が表示される場所です。主に、スプライトと呼ばれるキャラクターがスクリプトに従って動きます。

❷スプライト一覧
Scratchでは、スクリプトを使って動かすキャラクターをスプライトと呼びます。使用するスプライトは、この場所に一覧表示されます。

❸ブロックパレット
Scratchでは、さまざまなブロックを組み合わせることでスクリプトを作っていきます。これらのブロックは、「ブロックパレット」の中に格納されています。

❹スクリプトエリア
ブロックは、「ブロックパレット」から「スクリプトエリア」に配置されることで、動作します。

❺コスチューム
スプライトには、「コスチューム」と呼ばれる画像を追加することができます。それによって、1つのスプライトの見た目を、さまざまな形に変化させることができます。

02　ステージ

「ステージ」というのは「舞台（ぶたい）」のことです。Scratchでは、登場するキャラクターのことを**「スプライト」**と呼びます。「ステージ」はこのスプライトが表示されて、実際に動く場所となります。今は、ネコのキャラクターが1つ表示されているはずです。このネコのキャラクター、つまりスプライトが、スクリプトで動きを表現する対象となります。

「ステージ」の右下に「x：　　　y：　　　」という表示があります。「ステージ」内でマウスカーソルを動かすと、「ステージ」右下のxとyの数字が変化するのがわかるでしょうか。この数字は、「ステージ」内での位置を表現するための**「座標（ざひょう）」**になります。「ステージ」の「中心」を横（x座標）0、縦（y座標）0として表現しています。マウスポインターを中心から右方向に動かすとx座標の数字が増えていき、反対に左方向に動かすとx座標の数字が減っていきます。「ステージ」の中心よりも左になると、x座標の数字の前に「－（マイナス）」記号がついた状態で数字が大きくなっていきます。つまり、負の数ということになります。スプライトの位置は、こうした座標の数値で表現されていることを知っておきましょう。

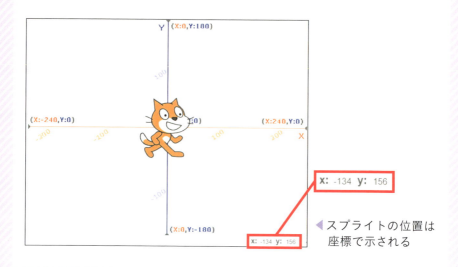

◀スプライトの位置は座標で示される

03 スプライト一覧

このスペースは、あらかじめゲームに利用する**スプライトを登録しておくための場所**です。すでに、ネコのスプライトのアイコンが1つ追加されていると思います。利用するスプライトは、ここに登録しておきます。「ステージ」に登場するキャラクターが出番を待っている「控え室（ひかえしつ）」、「楽屋」といったところでしょうか。

スプライトのアイコンをクリックして選択すると青枠で囲われ、左上の隅に英字のⓘマークが付きます。ここをクリックしてみましょう。

すると、スプライトの詳しい情報が表示されます。ここで「Sprite1」と書かれている部分が、**スプライトの名前**になります。ここを書き換えることで、スプライトの名前を変更することができます。◀ボタンをクリックすると、元の画面に戻ります。

「スプライト一覧」の「新しいスプライト：」の右側には、スプライトを追加する際に使うボタンが4つ並んでいます。それぞれをクリックすることで、スプライトを新しく追加することができます。

❶スプライトをライブラリーから選択
❷新しいスプライトを描く
❸ファイルから新しいスプライトをアップロードする
❹カメラから新しいスプライトを作る

また「スプライト一覧」の左側には、「ステージ」のアイコンがあります。「ステージ」のアイコンをクリックすることで、「ステージ」の背景を変更するなど、さまざまな処理を行うことができます。

「ステージ」のアイコン

04 ブロックパレット

P.85の「ブロックパレット」の一番上に、「スクリプト」と書かれた部分があります。これが「スクリプト」タブです。「スクリプト」タブをクリックすると、「動き」「見た目」「音」「ペン」「データ」「イベント」「制御」「調べる」「演算」「その他」の**10のカテゴリー**が表示されます。それぞれのカテゴリーをクリックすると、色で分類された、スプライトに指示を行うための命令ブロックが並んで表示されます。これらのブロックは、「スプライト一覧」で選択されているスプライトに対する命令になります。これらのブロックが並んでいる領域を、「**ブロックパレット**」といいます。

例えば「動き」カテゴリーが選択されているときは、「ブロックパレット」の中にはスプライトの動きに関する青色のブロックが並びます。同様に、

「見た目」カテゴリーが選択されているときは、スプライトの見た目に関する紫色のブロックが表示されます。いろいろなカテゴリーをクリックして、表示されるブロックが切り替わる様子を確認してみましょう。

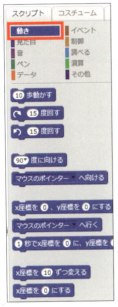
▲「動き」カテゴリーのブロック

▲「見た目」カテゴリーのブロック

05　スクリプトエリア

「ブロックパレット」に表示されている命令ブロックを取り出して配置するためのスペースが、**「スクリプトエリア」**です。ここに置かれたブロックが、実際にスプライトに命令を行うためのブロックになります❶。
「スクリプト」という言葉には、「台本」という意味があります。「ステージ」上のスプライトがどのように演じれば（動けば）よいのかを、命令ブロックを使って台本を作成する、というイメージで考えるとわかりやすいですね。
「スクリプトエリア」の右上には、「スプライト一覧」で選択され、「ス

クリプトエリア」のブロックで命令を送る対象となっているスプライトが薄く表示されています❷。その下のx座標とy座標で、スプライトの現在位置を把握できます。また、「スクリプトエリア」の右下には虫眼鏡のボタンがあります❸。ボタンのクリックで、画面の拡大・縮小ができます。「＝」をクリックすると、もとの大きさに戻ります。

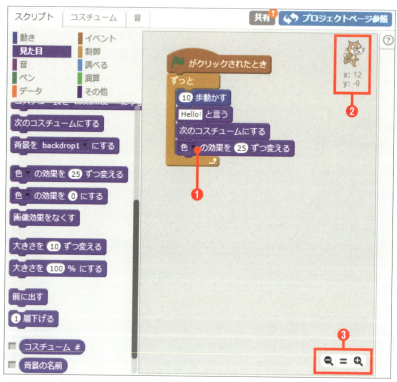

▲スクリプトエリア

06　コスチューム

スプライトには、**「コスチューム」と呼ばれる複数の絵を持たせる**ことができます。「コスチューム」を変更することで、スプライトの見た目を切り替えることができます。「オンラインエディター」を開いたとき

に表示されているネコのスプライトには、「コスチューム」が2つ用意されています。「コスチューム」タブをクリックすると、その2種類の「コスチューム」を確認できます。

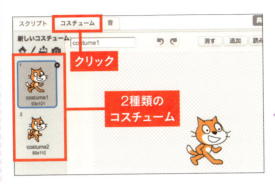

◀「コスチューム」タブをクリックすると、2種類の「コスチューム」を確認できる

「コスチューム」は、「新しいコスチューム」の下にある4つのボタンをクリックすることで、新しく追加することができます。

❶ライブラリーから「コスチューム」を選択
❷新しい「コスチューム」を描く
❸ファイルから新しい「コスチューム」をアップロードする
❹カメラから新しい「コスチューム」を作る

なお、「スクリプト」タブをクリックして「見た目」カテゴリーをクリックすると、左のように「コスチューム」を切り替えるブロックが表示されます。1つのスプライトに複数の「コスチューム」を持たせることで、これらのブロックを使って「コスチューム」を切り替えることができます。

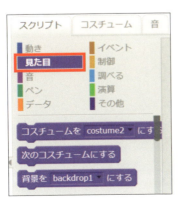

◀「見た目」カテゴリーをクリックすると、「コスチューム」を切り替えるためのブロックが見つけられる

04 Scratchの流れをつかもう

01 スプライトを選択する

最初はScratch全体の流れをつかむために、ネコのスプライトの動きを作りながら、「オンラインエディター」の使い方を覚えていきましょう。また、スクリプトを作成していくときに、どのような順番で考えていけばよいのかを押さえておくと、操作のときに迷うことが少なくなります。

Scratchの画面説明でも触れましたが、「スクリプトエリア」に配置する命令ブロックは、**「スプライト一覧」で選択されているスプライト**に対する命令になります。ですから、スクリプトを作成する際は、必ず次の2つの操作と確認を行うようにしましょう。

❶「スプライト一覧」で、スクリプトを作成するスプライトのアイコンをクリックして選択します。

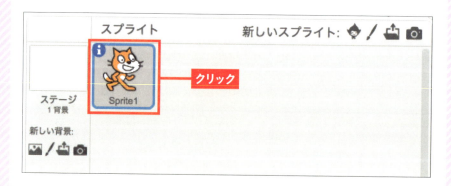

❷「スクリプトエリア」の右上に、スクリプトを作成するスプライトが表示されていることを確認します。

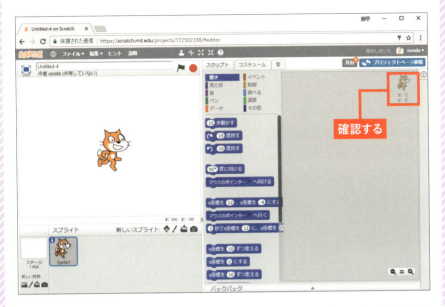

自分が作ろうとしているスプライトに青枠があるか、また「スクリプトエリア」の右上に対象スプライトが薄く表示されているかを確認する習慣をつけておくと、慌てずにすみます。

今はまだネコのスプライトしかありませんが、スプライトが複数になったときに、別のスプライトを選択してしまっていたりすると、スクリプトの対象が変わってしまい、混乱の原因になります。ブロックを動かす前に、自分が作ろうとしている対象のスプライトが誰なのか？　ということを考えるようにしましょう。

02　スプライトの動きを考える

次に、対象のスプライトに**どのように動いてほしいのか**を考えます。例えば移動する、色を変える、鳴く、などです。スプライトに行ってもらいたい行動を考えたら、次はそれに相当するブロックがどのカテゴリーに属するものかを考えます。例えば、動きとカテゴリーとの関係には、次のようなものがあります。

●スプライトを10歩動かす→「動き」カテゴリー
●スプライトの色を変える→「見た目」カテゴリー
●スプライトから音を出す→「音」カテゴリー

スプライトの動きに関するブロックは「動き」カテゴリー、「コスチューム」や色の変化など見た目に関するブロックは「見た目」カテゴリー、効果音や音楽やスプライトの発する音に関するブロックは「音」カテゴリーの中にそれぞれ含まれています。あらかじめ「ブロックパレット」の中を見ておいて、どのようなことができるのか、知っておくとよいでしょう。

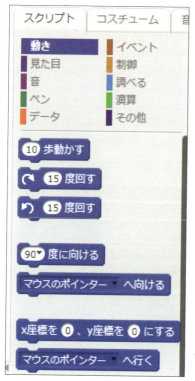

◀スプライトに行ってほしいことがどのカテゴリーに入っているかを考える

そして、スプライトに行動を指示するブロックは、ブロック1個につき、その行動を1回だけしか実行しません。例えば「動き」カテゴリーの中の「10歩動かす」というブロックを「スクリプトエリア」に1つ配置し、このブロックをクリックすると、スプライトは1回だけ10歩動き、それで終わりです。別の指示を出さない限り、何回も実行したりはしません。

◀「10歩動かす」というブロックを1つ配置してクリックすると、スプライトは1回だけ10歩動き、それで終わりです

03　どのくらい？　何をきっかけに？　を考える

続いて、先ほど決めた行動を、スプライトが「どのくらい行うのか？」を考えます。またそれとあわせて、先ほど決めた行動をスプライトが「何をきっかけに行うのか？」を考えます。例えば、「どのくらい？」「何をきっかけに？」の例として、次のようなブロックがあります。

● どのくらい？：「10回繰り返す」ブロック

● 何をきっかけに？：「緑の旗がクリックされたとき」ブロック

「10回繰り返す」ブロックは、「制御」カテゴリーの中にあります。「緑の旗がクリックされたとき」ブロックは、「イベント」カテゴリーの中にあります。

スクリプトの流れを考えるときは、最初に頭の中で

❶どのスプライトが、❷何をきっかけに、❸どんな行動を、❹どのくらい行うのか

ということを、文章にして考えてみましょう。今回の場合は、

❶ネコのスプライトが、❷緑の旗をクリックしたときに、❸10歩移動する行動を、❹10回繰り返す

という文章になります。これを具体的なスプライトとブロックに置き換えると、次のようになります。

❶猫のスプライトが

❷緑の旗をクリックしたときに

❸10歩移動する行動を

❹10回繰り返す

04 正しく動作するか確認する

これで、スプライトに行ってほしいことを、具体的なブロックに置き換えることができました。これらのブロックを「スクリプトエリア」(P.89)にドラッグして配置し、組み合わせれば、スクリプトの完成です。

スクリプトが完成したら、必ず実行して、意図した通りの動きをするか、確認を行います。思った通りの動作をしてくれないときは、原因を探って試行錯誤することが大切です。

今回の例では、スクリプト実行のきっかけは「緑の旗がクリックされたとき」でした。「緑の旗」ボタンをクリックすることで、**スクリプトが正しく実行されるかどうかの確認**を行います。「緑の旗」ボタンは、「ステージ」の右上にあります。

これで、Scratchでスクリプトを作成するための大まかな流れを確認できました。それでは、いよいよ次のページから、実際にスクリプトを組み立てていきましょう！

05 「動き」のブロックを追加しよう

それでは、いよいよスクリプトを作ってみましょう！ 先ほど考えた流れに沿って、「ステージ上」にいるネコを動かしてみます。次の手順で、操作を行ってみてください。

❶「スプライト一覧」で、ネコのアイコンが青枠で囲われているか確認します（囲われていなければクリックします）。

❷ブロックカテゴリーの「動き」をクリックします。

❸「10歩動かす」のブロックを、「スクリプトエリア」にドラッグします。

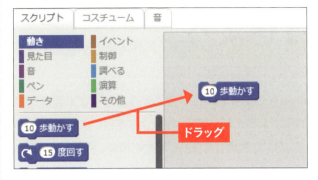

❹「スクリプトエリア」に配置した「10歩動かす」のブロックをクリックします。

「10歩動かす」のブロックをマウスでクリックすると、ネコはほんの少しだけ、右方向に動きます。パソコンの画面は点（ドット）の集合でできていますが、ネコの歩幅は、このドットの単位となる1ピクセルが1歩に該当します。そのため、10ピクセルが10歩分の長さになります。「10歩動かす」のブロックを10回クリックすると、10×10で、100ピクセル分、右方向に動くのです。

また、このネコは右方向に動きました。それは、ネコが右を向いているからです。ネコを回転させるブロックを使って上を向かせておけば、上方向へ10歩動きます。では、ネコを前進ではなく、後退させるためにはどうすればよいでしょうか。ブロックの「10」の部分をクリックして半角英数字で「－10」と入力してみましょう。最初は、歩く距離を「足し算」していたので、後退させるためには、その逆の「引き算」をすればよいのです。「－10」のブロックをクリックすると、ネコが後退するはずです。

06 複数のブロックを組み合わせよう

動きのブロックを使ってネコが動くようになりましたが、ブロックを1回クリックしただけでは、10歩動いてそれで終わりです。ネコに歩き続けてもらうためには、ブロックをクリックし続けなければなりません。ですが、できればマウスをクリックしなくても、ある程度の間、動き続けてほしいですよね。そこで、ネコに「どのくらい？」動き続けてほしいのかを指示してみましょう。

「制御」カテゴリーにある「10回繰り返す」ブロックを、「スクリプトエリア」に配置します。

このブロックは、間に何かを挟めるような形をしています。このブロックの間に、「10歩動かす」ブロックをドラッグして、組み合わせます。白いガイドが表示されるタイミングでブロックをドロップすると、2つのブロックがピタッとつながります。

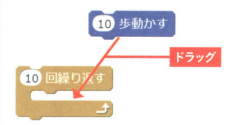

「10歩動かす」ブロックをクリックすると、10歩動くことが10回繰り返され、計100歩、ネコが右に移動します。これで、10歩動かすことが10

回繰り返されるスクリプトができました。

また、もう1つ、別の制御をご紹介しましょう。「10歩動かす」ブロックをドラッグすると、2つのブロックが分かれます。

そして「制御」カテゴリーの中にある「ずっと」というブロックを、「スクリプトエリア」にドラッグして配置します。この「ずっと」ブロックに「10歩動かす」ブロックをドラッグして組み合わせましょう。

「10歩動かす」ブロックをクリックして、ネコが走り続ければ成功です。このとき、ネコが「ステージ」の端まで行くと、そこで動きが止まります。ネコをドラッグして位置を変えると、その位置からまた走り出し、「ステージ」の端で止まります。つまり、「ステージ」の端にたどりつくまで「ずっと」ということです。

このように、「制御」カテゴリーのブロックを使いこなすことで、スプライトの動きを「どのくらい？」制御するのかを決めることができます。

07 スクリプトの始まりを作ろう

これまで、Scratchのスクリプトは、「スクリプトエリア」のブロックをクリックすることで実行してきました。つまり、スプライトの行動の「始まり」は、「ブロックのクリックで」ということになります。

スプライトが1つしかないなら、ブロックのクリックをスクリプトの始まりとしてもよいでしょう。ただ、ゲームなどのように、自分と敵など、複数のスプライトが同時に動き始めるようにしたい、という場合があります。「スクリプトエリア」には、青枠で選択されているスプライトのブロックだけが表示されています。そのため、複数のスプライトのブロックを同時にクリックして実行することはできません。このような場合に使えるのが、「緑の旗」ボタンです。「緑の旗」ボタンは、「ステージ」の右上にあり、クリックすることができます。

「緑の旗」ボタン

「緑の旗」ボタンには、それと対になる**「緑の旗がクリックされたとき」というブロック**が「イベント」カテゴリーに用意されています。

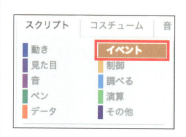

「スクリプトエリア」に「緑の旗がクリックされたとき」ブロックを配置しておくと、「緑の旗」ボタンをクリックすることで、「緑の旗がクリックされたとき」ブロックが配置されたすべてのスプライトは、それをきっかけに、そのあとに書かれたスクリプトの処理を始めるのです（かけっこするときの「よーい、ドン」と同じ役割ですね）。これによって、スクリプトの始まり、つまり「何をきっかけに？」を作ることができます。

例えば、先ほど作った「10歩動かすを10回繰り返す」スクリプトの先頭に「緑の旗がクリックされたとき」ブロックを組み合わせます❶。
さらに、「スプライト一覧」のネコのアイコンの上で右クリックして、「複製」をクリックします❷。すると、ネコのスプライトとそのスクリプトが複製され、「ステージ」上に2つのネコが登場します❸。ここで、緑の旗をクリックすると❹、2つのスプライトが同時に動き始めます❺。つまり、「緑の旗がクリックされたとき」ブロックが配置された2つのスプライトの処理が、同時に行われたというわけです。

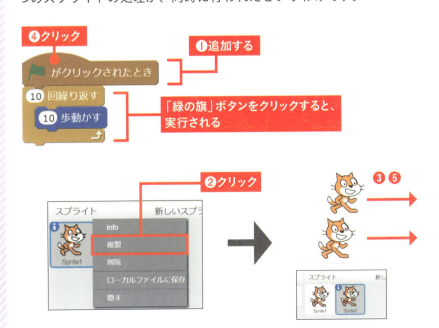

第4章 プログラミングを体験しよう！

08 スクリプトの終わりを作ろう

スクリプトの始まりはこれで作ることができましたが、スクリプトには「終わり」も必要です。Scratch はスクリプトを終わらせる方法として、実行するときにクリックしたブロックをもう一度クリックする、という方法があります。しかし、ブロックのクリックで動作を終了できるのは、P.92で触れた通り、そのブロックに対応するスプライト1つだけです。複数のスプライトが動き続けているスクリプトを終わらせるには、すべてのスプライトに対して同時に「終わり」のメッセージを伝えなければなりません。ブロックのクリックでは、それはできません。

複数のスプライトに同時に「終わり」のメッセージを伝える一番簡単な方法は、「ステージ」の右上にある「赤いボタン」をクリックすることです。

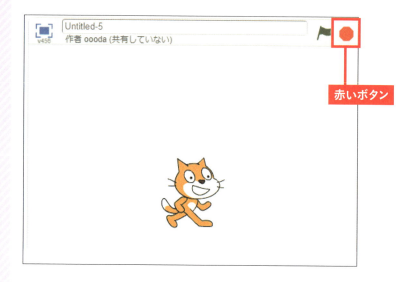

このボタンをクリックすると、すべての「ステージ」とスプライトのすべてのスクリプトに、「終わり」ということを伝えることができます。ただし、この方法はスクリプトの動きを強制的に止めたい場合に使うことが多く、例えばゲームオーバーになったらすべてを止めて終わりにする、といった使い方はできません。そこで、Scratchでスクリプトを終わらせるには、「制御」カテゴリー内にある**「すべてを止める」ブロック**を使います。

`すべて▼ を止める`

「スクリプトエリア」に「すべてを止める」ブロックを配置して、スクリプトを終了させたくなったら、「すべてを止める」ブロックをクリックします。これで、すべてのスプライトの動作を終了させ、スクリプトを終了することができます。また、ブロックの組み合わせによって作られた一連のスクリプトの最後に「すべてを止める」ブロックを追加すると、そこでスクリプト全体が終了します。

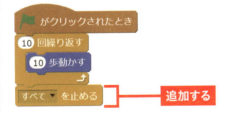

また、ゲームオーバーなど、なんらかの状況を判断してスクリプトを終了させるためには、「制御」カテゴリーの「もし〜なら」ブロックで条件を判定し、「すべてを止める」ブロックを使ってスクリプトを終了させる方法があります。例えば以下のスクリプトでは、「スペース」キーが押された場合に、スクリプトが終了されます。

09 ブロック操作のコツを知ろう

　複数のブロックを組み合わせてスクリプトを作成していく途中で、ブロックの順番をまちがえたことに気がつくことがあります。そのような場合、ブロックを入れ替えたいのですが、慣れないうちはどう入れ替えればよいのか、悩んでしまう人も多いようです。ここでは Scratch でプログラミングをする上での、マウスを使った**ブロック操作**のコツをマスターしましょう。どうしてもわからないときは、一度下から順番にブロックを全部外して組み直すようにしてみましょう。

ルール❶
いちばん上のブロックをドラッグすると、下につながっているすべてのブロックが一緒に移動します。

ルール❷
途中のブロックをドラッグすると、下につながっているすべてのブロックが一緒に移動します。

ルール❸

挟み込まれたブロックは、そのままドラッグすれば外すことができます。

ルール❹

一番下のブロックは、そのままドラッグすれば外すことができます。

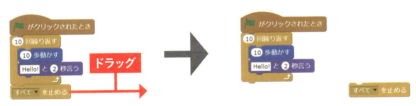

●事例

例えばここで紹介したスクリプトの「10歩動かす」と「Hello! と2秒言う」の上下を入れ替えたい場合、上の「10歩動かす」をドラッグすると、下の「Hello! と2秒言う」も一緒についてきてしまいます❶。上の「10歩動かす」ではなく、下の「Hello! と2秒言う」をドラッグすると❷、「Hello! と2秒言う」だけが外れ、続いて「10歩動かす」の上にドラッグすることで❸、少ない手順で上下を入れ替えることができます。

10 「見た目」のブロックを知っておこう

Scratchのブロックのカテゴリーの中には、「見た目」というカテゴリーがあります。「見た目」カテゴリーの中には、**スプライトの見た目を変化させるブロック**が用意されています。例えば、次のようなブロックがあります。

- スプライトに吹き出しを表示してセリフをしゃべらせる
- 「コスチューム」を切り替える
- スプライトの色や、そのほかの画像効果を変化させる
- スプライトの大きさを変化させる

右ページのスクリプト❶は、「見た目」カテゴリーのブロックを使って作成したものです。このスクリプトは、緑の旗をクリックしてスタートすると、最初にネコが「Hello!」と言ったあと、「次のコスチュームにする」「渦巻きの効果を25ずつ変える」「0.1秒待つ」の3つのブロックを10回繰り返して、最後に「画像効果をなくす」というブロックが実行されます。
「渦巻き」の部分の▼をクリックすると、画像効果を選択できます❷。どのような画像効果があるか試してみるとよいでしょう。
また、「次のコスチュームにする」というブロックを実行すると、ネコが走っているように見えます。これは、ネコには2種類の画像（コスチューム）が用意されていて、これを切り替えて表示することで、走っているように見せているのです❸。「コスチューム」は、「コスチューム」タブをクリックして表示することができます。自分で描いたり、ファイルから選択したり、写真で撮影したものを使ったりすることができます。

「見た目」カテゴリーのブロックを活用する

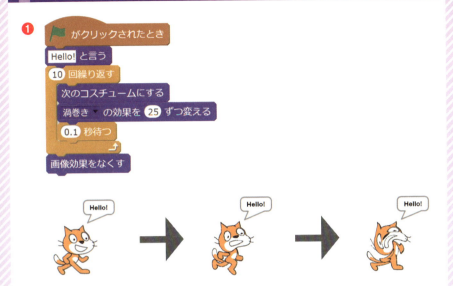

▲「見た目」カテゴリーのブロックを使って作成したスクリプトとその実行結果

▲▼をクリックすると、画像効果を選択できる

▲2種類の「コスチューム」を切り替えて表示することで走って見えるようにする

第4章 プログラミングを体験しよう！

11 「音」のブロックを知っておこう

Scratchでは、スクリプトの中で音を鳴らすことができます。「スクリプト」タブの「音」カテゴリーの中には、**効果音、音符、楽器、音量、テンポの選択に関するブロック**があります。

音符のブロックで▼をクリックするとピアノの鍵盤が表示されるので、音を選ぶことができます❶。例えば、❷のようなスクリプトを作ると、指定した音符の音を連続して鳴らすことで、曲を演奏させることができます。楽器の選択ができるブロックもありますので、お気に入りの楽器を選んで演奏させてみてください。

効果音は、「音」タブをクリックして❸、「新しい音」の下にあるボタンから、あらかじめ用意された音の中から選択したり、マイクから録音したり、自分で用意した音を登録したりできます。「編集」と「効果」のメニューを使えば、簡単な編集もできます。

ところで、この効果音を鳴らすためのブロックには、❹「(meow)の音を鳴らす」と、❺「終わるまで(meow)の音を鳴らす」の2つがあります。「スクリプトエリア」に配置したそれぞれのブロックをクリックして、どのように音が鳴るかを確認してみましょう。「(meow)の音を鳴らす」の方は、音が鳴り始めるとすぐに止まってしまいます。一方、「終わるまで(meow)の音を鳴らす」の方は、きちんと最後まで音が鳴ります。「すべてを止める」ブロックでスクリプト全体を止めようとしたとき、「(meow)の音を鳴らす」では、音が鳴り終わる前にスクリプト全体が終了し、音が途中で止まってしまうのです。「終わるまで(meow)の音を鳴らす」であれば、最後まで音を鳴らしてからスクリプト全体を止めることができます。音を鳴らそうとしたのに鳴らない、というときは、このことを思い出してみてください。

「音」カテゴリーのブロックを活用する

❶

◀ 音符のブロックで▼をクリックするとピアノの鍵盤が表示される

❷

`60▼ の音符を 1 拍鳴らす`
`60▼ の音符を 1 拍鳴らす`
`67▼ の音符を 1 拍鳴らす`
`67▼ の音符を 1 拍鳴らす`
`69▼ の音符を 1 拍鳴らす`
`69▼ の音符を 1 拍鳴らす`
`67▼ の音符を 2 拍鳴らす`

◀ 指定した音符の音を連続して鳴らすことで曲を演奏できる

❸

▲「音」タブをクリックすると効果音を編集できる

❹ ❺

▲「(meow)の音を鳴らす」と「終わるまで（meow）の音を鳴らす」

第4章 プログラミングを体験しよう！

111

17 「調べる」のブロックを知っておこう

「調べる」カテゴリーには、その名の通り、**スプライトやキー入力、マウスの状態を調べるためのブロック**が用意されています。次のようなものがあるので、確認してみましょう。

- スプライトが「ステージの端」に触れているか調べる
- スプライトが「指定した色」に触れているか調べる
- どのキーが押されているか調べる
- マウスがクリックされたか調べる

「調べる」カテゴリーの「マウスのポインターに触れた」ブロックを「スクリプトエリア」に置き、▼をクリックして「端」を選択してください❶。そして、スプライトが「ステージ」の真ん中にいる状態で、そのブロックをクリックします。吹き出しに「false」（日本語で「いいえ」の意味）と表示されます❷。スプライトは「ステージ」の端ではなく中央にいるわけですから、「端に触れているかどうか」の答えは「いいえ」になるわけです。次に、ネコを「ステージ」の端に移動してブロックをクリックすると、「true」（「はい」の意味）と表示されます❸。このように、「端に触れた」ブロックを使って、スプライトが「ステージ」の端に触れているかどうかを調べることができるのです。

こうした「調べる」カテゴリーのブロックは、ゲームの「当たり判定」などをする場合に使います。例えば弾が相手にぶつかったかどうかを判定して、スコアが増える、爆発する、ゲームオーバーになる、といった条件判断に使うのです。

「調べる」カテゴリーのブロックを活用する

❶
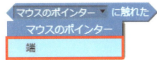
◀「マウスのポインターに触れた」ブロックを「端に触れた」ブロックに変更する

❷
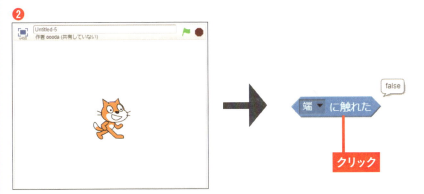
▲スプライトが「ステージ」の中央にいる状態でブロックをクリックすると、吹き出しに「false」と表示される

❸
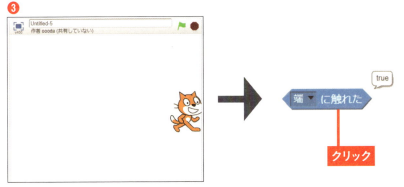
▲スプライトが「ステージ」の端にいる状態でブロックをクリックすると、吹き出しに「true」と表示される

スクリプトを保存しよう

せっかく作ったスクリプトは、大切にとっておきたいですよね。ここでは、==作ったスクリプトの保存方法==について説明します。本書で解説を行っているように、Web ブラウザでスクリプトを作成している場合（これを「オンラインエディター」といいます）、P.214の方法でアカウントを作成し、サインインしていれば、==スクリプトは定期的に自動で保存されます==。

意識して保存する場合は、ページ右上の「直ちに保存」ボタンをクリックしましょう❶。いずれの場合も、スクリプトは Scratch の Web サイト上にのみ保存されています。自分のアカウントで Scratch にサインインし、右上のアカウント名をクリックし、「私の作品」をクリックすると❷、==これまでに保存したスクリプトの一覧==が表示されます。各スクリプトの「中を見る」ボタンをクリックすると、そのスクリプトを開くことができます。

オンラインではなく、パソコン上にスクリプトを保存する場合、「オンラインエディター」の「ファイル」メニューから「手元のコンピューターにダウンロード」をクリックすると❸、==自分のパソコンにスクリプトが保存==されます。反対に、「ファイル」メニューから「手元のコンピューターからアップロード」をクリックすると、Scratch の Web サイト上にスクリプトが保存されます。

なお Scratch には、「オンラインエディター」とは別に、==「オフラインエディター」==というインターネット接続がいらない環境も用意されています（https://scratch.mit.edu/download）。「オフラインエディター」の場合、スクリプトは自動的には保存されません。「オフラインエディター」の「ファイル」メニューから「保存」または「名前を付けて保存」を選択して保存します。「オンラインエディター」で作成し、パソコンに保存したスクリプトは、「オフラインエディター」で読み込むことができます。

スクリプトを保存する方法

❶

◀「直ちに保存」をクリックする

❷

▲「アカウント名」→「私の作品」の順にクリックすると、保存したスクリプトの一覧を見ることができる。また、アカウント名の左側にある画像をクリックしても、一覧を見ることができる

❸
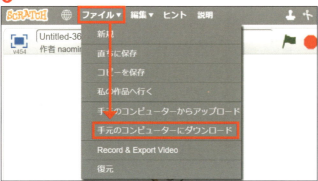

▲「ファイル」メニューから「手元のコンピューターにダウンロード」を選択する

章末 コラム	# Scratchワールドを 探検しよう

探求活動を続ける意味

この章では、Scratch のブロックの動きや特徴などに触れてきました。最初はどのブロックを使えばどうなるのか、まったくわからなかったと思います。ですが、1つ1つのブロックを組み合わせて動作を試すことを繰り返していくと、少しずつそれぞれのブロックが持つ意味がわかってくると思います。

ゲームで遊ぶときも、最初はルールがわからなくても何度かやっている内にルールがわかってきて、次第に高得点を出せるようになってくる、といった経験をしている子どもたちも多いと思います。それと同じように、Scratch でのプログラミングを Scratch ワールドを探検する活動として考えてみると、はじめて見るブロックを試しながら、そのブロックをどのように使えばよいのかを探求していく活動なのだということになります。

Scratch は各カテゴリーにあるブロックを組み合わせるだけで、Scratch の Web サイトにあるような作品をたくさん生みだせるパワーを持っています。その奥深い Scratch のパワーを引き出すためには、自分の考えたアイデアをブロックの組み合わせに落とし込めるようにする必要があります。

このようなことは、すべての人が短期間・短時間で簡単にできることではないと思います。気長に、少しずつ取り組んでいくことをオススメします。探究活動には、うまく行かないこともたくさんあり、それを試行錯誤しながら乗り越えていくことを楽しむ。そんなゆとりを持って取り組むようにすると、長く続けられると思います。

116

第5章

Scratchでゲームを作ってみよう！

その①

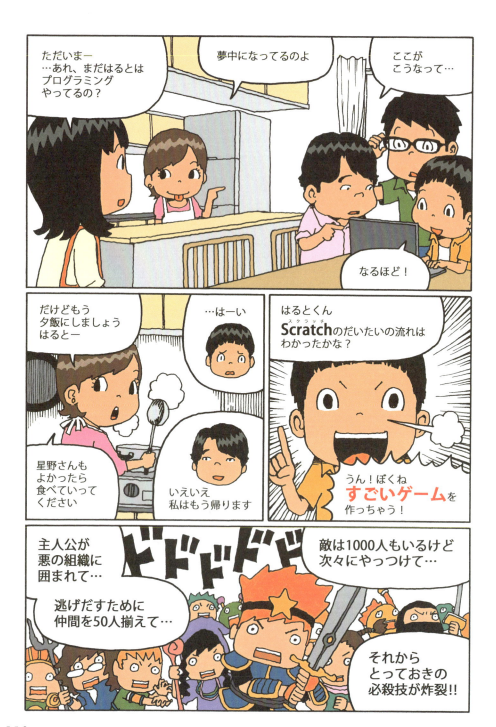

01
Scratchで
ゲームを作ろう

　この章では、Scratchを使って、簡単なゲームを作ってみたいと思います。ここで作成するのは、「スターキャッチャー」という、「ネコが星を捕まえる」ゲームです。このゲームは、親子で一緒に遊べる、2プレイヤーゲームです。**プレイヤー1はキーボードで、プレイヤー2はマウスで操作します**。最初に、登場するキャラクターを決めます。2人で遊ぶゲームなので、それぞれが操作するためのキャラクターを2つ登場させましょう。1つは**ネコ**、もう1つは**星**を登場させたいと思います。次に舞台（「ステージ」）ですが、星が登場するので、**宇宙をイメージした「ステージ」**にしてみたいと思います。ネコは、レーザーを出すことで星を捕まえることができます。星の方も逃げるばかりではなく、スターミサイルでネコに反撃できます。**ネコがレーザーで星を捕まえる**か、**星がスターミサイルをネコに命中させるか**で、勝敗が決まります。宇宙は空気がないのでネコは息ができませんが、スーパーキャットであるネコは平気なのです。そして、星を捕まえる「スターキャッチャー」という仕事をしている、という設定にします。
　画面イメージとしては、右ページのような「ステージ」構成を作ります。スプライトと「ステージ」、いずれもScratchが最初から提供しているキャラクターと背景を選択して使って作っていきましょう。まずは、Scratchのトップページで「作る」をクリックし、新しいプロジェクトを作成します（P.84）。続いて、「ステージ」に新しい背景を追加します。「新しい背景：」の一番左のボタンをクリックすると❶、「背景ライブラリー」が開きます。テーマから「宇宙」をクリックして❷「space」という背景をクリックし❸、最後に右下の「OK」をクリックしましょう❹。

「スターキャッチャー」ゲームの概要

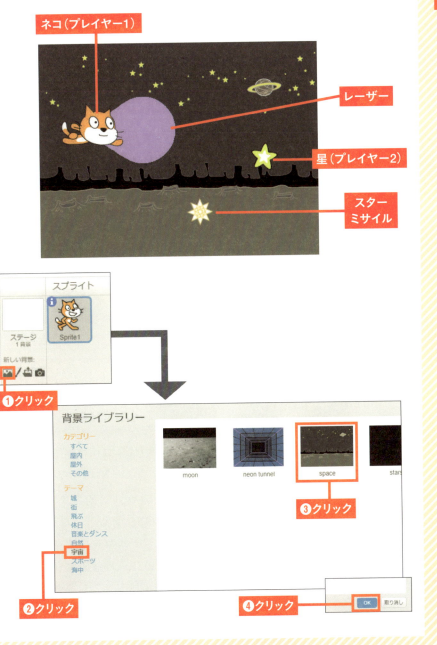

第5章 Scratchでゲームをつくってみよう！その❶

07 操作方法とルールを考えよう

このゲームでは、2人のプレイヤーの操作方法を、右ページのようなものにします。1人がキーボード、1人がマウスと完全に分かれているので、操作する上でも混乱はしないでしょう。

ゲームのルールとして、星は追われる立場なので、逃げやすいようにしたいところです。「動き」カテゴリーには「マウスのポインターへ行く」というブロックがあります。しかし、このブロックを使うと、マウスポインターのある場所に、スプライトが瞬間移動してしまいます。これでは簡単に逃げることができてしまい、ゲームとしてはスリルに欠けますし、現実味もありません。ここでは **マウスポインターの動きに星があとからついてくるような動きにする** ことで、ゲームの難易度を少し難しくします。それによって、ドキドキ感が増すのではないでしょうか。

ネコの方は、「スペース」キーを押すことでレーザーを一定時間表示できて、そこに星が触れれば星を捕まえたことにしたいと思います。ですが、ネコが移動しながらレーザーを発射できるようにしてしまうと、「ステージ」がレーザーだらけになってしまい、星が逃げられなくなってしまうかもしれません。そこで、**レーザー発射中はネコが移動できないようにする** ことにします。

このように、ゲームのキャラクターがどんなルールで動くかによって、ゲームの結果が有利になったり、不利になったりすることがあります。あまり一方的に有利にしてしまうと、不利なプレイヤーは次もやってみたい、とは思えなくなってしまいます。ゲームは適度な難易度で、何度でも楽しく遊べるように調整していく「ゲームバランス」を考えることも大切な要素です。

「スターキャッチャー」の操作方法とルール

●ネコ

上下左右の移動
カーソルキー

レーザーの発射
スペースキー

●星

全方向への移動
マウスの動きに
ついてくる

スターミサイルの発射
左クリック

●ゲームバランス

ネコはレーザーを一定時間表示できるが、その間は動けない

マウスポインターの動きに星があとからついてくるようにする

第5章 Scratchでゲームをつくってみよう！ その①

123

03 ゲームオーバー時の アクションを考えよう

この章の冒頭で触れたように、「ネコがレーザーで星を捕まえるか、星がスターミサイルをネコに命中させるかで勝敗が決まる」というのが、このゲームの**ゲームオーバーの条件**です。これらの条件が成り立ったとき、そのままスクリプトを止めてしまえば、それだけでもゲームオーバーの動きとしては問題ありません。ですが、ゲーム終了時に1アクションあった方が、より見栄えのするものになると思います。例えば通常のゲームでも、ゲーム終了時に「音楽が鳴る」「キャラクターの見た目に変化が起きる」といったことで、ゲーム終了をプレイヤーが認識できるようになっています。今回は、次のような**終了アクションを発生させる**ことを考えてみましょう。

●ネコがレーザーで星を捕まえたときの星のアクション

1「見た目」カテゴリーの「モザイクの効果」で星を変化させる
2 星の大きさを変化させる
3 ❶と❷を20回繰り返す
4 星の大きさを元に戻す（100%）
5「すべてを止める」でスクリプトを終了

「モザイクの効果」の数を変化させると、効果の内容も変わります。どう変化するのかについても、確認しておきましょう。

●ネコがレーザーで星を捕まえたときのネコのアクション

1 ネコの「コスチューム」を切り替える

●スターミサイルがネコに命中したときのネコのアクション

1 ネコを動けないようにする
2 「見た目」カテゴリーの「渦巻きの効果」でネコを変化させる
3 90度右方向にネコを回す
4 ❶～❸を10回繰り返す
5 「渦巻きの効果」を無くす
6 「すべてを止める」でスクリプトを終了

「渦巻きの効果」の数を変化させると、効果がどう変化するのかについても確認しておきましょう。

●スターミサイルがネコに命中したときの星のアクション

1 何もしない

04 ネコを作ろう

01 コスチュームライブラリーを開こう

これまでのところで、ゲームの設定は完了です。ここまで決まれば、いよいよスクリプトを作り始めることができます。まずは、登場キャラクターの「ネコ」のスプライトから始めてみましょう。宇宙空間を飛び回るネコなので、飛んでいるポーズの「コスチューム」にするのがピッタリですね。最初から表示されているスプライトのネコは直立したポーズなので、これを変更してみましょう。

「スプライト一覧」でネコのスプライトのアイコンが選択されている状態で、「コスチューム」タブをクリックしてみましょう❶。「新しいコスチューム」の下に並んでいるボタンをクリックすると、新しい「コスチューム」を追加できます。今回は一番左の◆ボタンをクリックして❷、「コスチュームライブラリー」を開きます。

「コスチュームライブラリー」が開いたら、「テーマ」の「飛ぶ」をクリックします❶。表示された一覧を下にスクロールして、下の画面にある2つのネコの「コスチューム」を選択しましょう。単に左クリックするだ

けだと、1つしか選択できません。キーボードの「Shift」キーを押しながら左クリックすると❷、2つ選択できます。選択できたら「OK」ボタンをクリックしましょう❸。

ゲームに必要のない「コスチューム」は、削除しましょう。ここでは、最初から用意されていた上2つの「コスチューム」を削除します。削除したい「コスチューム」を右クリックして❶、表示されたメニューから「削除」をクリックします❷。1つ削除したら、もう1つの方も削除します。右側の画面のように、新しく追加した「コスチューム」だけになったら、上の方の「コスチューム」をクリックして選択します❸。

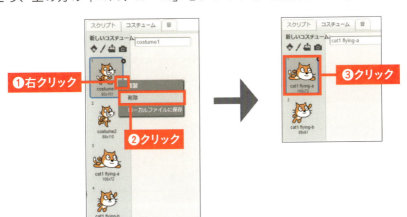

ネコを動かしてみよう ①

01 キャラクターを動かすスクリプト

次に、ネコのスプライトを動かすスクリプトを作成してみましょう。ネコを動かすときに使うのは、「上下左右移動」→「カーソルキー」と決めておきました（P.122）。スクリプトを使って、これを実現してみましょう。追加したネコの「コスチューム」は右向きになっているので、まずは右方向に移動させるスクリプトを作ってみます。

キー入力というのは、人間がキーを押したという「イベント（出来事）」になります（P.46）。そのため、人間のイベントを受け取るブロックは、「イベント」カテゴリーにあるはずです。「スクリプト」タブをクリックして「イベント」カテゴリーを見ると、キー入力に関連するイベントを受け取るブロックとして、次のようなブロックが見つかります。

このブロックを「スクリプトエリア」にドラッグして、▼をクリックします。キーの一覧が表示されるので、「右向き矢印」を選びましょう。

続いて、「右向き矢印」キーが押されたときに実行する、「動き」のブロッ

128

クを選びます。「動き」カテゴリーの「10歩動かす」ブロックをスクリプトエリアにドラッグして、「右向き矢印キーが押されたとき」ブロックに接続します。

ここで、キーボードの右向き矢印キーを何度か押してみてください。ネコが右に10ドットずつ移動すると思います。

次に、今作ったブロックをコピーして、左方向に進むスクリプトを作成してみましょう。今作ったブロックのうち、「右向き矢印キーが押されたとき」ブロックの上で右クリックして、「複製」を選びます。

これで同じブロックがもう１つ作られるので、片方のブロックの「右向き矢印」を「左向き矢印」に変更します。また、「10歩動かす」のままだと右に進み続けてしまうので、反対方向に進めるために、マイナス方向に10歩という意味で「－10歩動かす」に変更します。このとき、「－10」は半角英数字で入力してください。すると、カーソルキーの左向き矢印をクリックすると、ネコの向きはそのままで、後退していくようになります。

これで、次のような2つのブロックが完成しました。

```
右向き矢印 キーが押されたとき
10 歩動かす
```

```
左向き矢印 キーが押されたとき
-10 歩動かす
```

02 ゲームに合った動きを作ろう

今回のゲームでは、ネコが進んでいる方向にレーザーを出したいと考えています。そのため、現在のようにネコが前を向いたまま左へ後退していく動きの場合、左方向、つまり足の側からレーザーが発射されるという、少しおかしな表現になってしまいます。

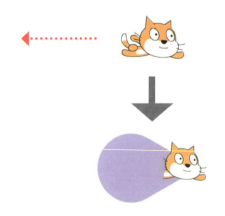

前を向いたまま後退していく動きだと……

足の側からレーザーが発射されてしまう

こんなときは、どうしたらよいでしょうか。P.99で触れたように、「10歩動かす」ブロックは、スプライトが「現在向いている方向に」10歩進む、という意味でした。ですから、移動したい方向のキーが押されたら、ネコが向いている方向も、押したキーの方向に変えればよい、ということになります。つまり、

1 押されたキーの方向にネコの向きを変える
2 10歩進む

という2つのブロックを実行することで、ネコが後方に進むときはネコの向きもうしろ向きになり、レーザーが発射される際も、うしろを向いたネコの前面から発射される、ということになります。

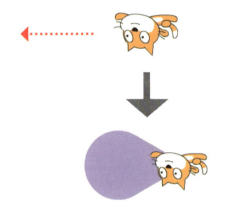

うしろに進むときはネコの向きもうしろ向きになる

レーザーもうしろを向いたネコの前面から発射される

「動く」カテゴリーでスプライトの向きを変更するブロックは、次のブロックになります。▼をクリックすると、それぞれの向きに変更するための選択肢が表示されます。

このブロックを使って、押したキーに合わせて4方向に進むように作ったのが、以下のスクリプトになります。P.129と同様の方法でブロックを複製し、キーの種類と角度を変更して作成します。このとき、左向き矢印キーが押されたときの動きが後退ではなく前進に変わるため、「−10」を「10」に戻します。キーを押してみて、ネコの実際の向きが、それぞれレーザーを発射しようとしている方向を向いて進んでいるか、確認してください。

03　キー入力のスクリプトで気をつけること

ここで、1つ問題点があります。どれか、特定方向のキーを押し続けてみてください。実際のゲームでは相手の攻撃から逃げなければならないので、キーを押し続けることで、すばやく移動する必要が出てきます。ところが、実際に操作してみると、キーを押し始めて、実際にネコが動き出すまでの間に、ちょっとしたタイムラグ（時間の間隔）があるのです。これは、最初にキーを押してから、キーを押し続けることによるキーリピート開始までの間に、若干の待機時間があるためです。これは、「～キーが押されたとき」というブロックで生まれてしまう問題です。これを無くしたい場合には、スクリプトを工夫しなければなりません。P.54で解説したように、問題の答えは1つではありません。この問題を解決する方法は、複数存在します。せっかく作成したブロックですが、ブロックの上で右クリックし❶、「削除」をクリックして❷、削除してしまってください。4つすべてのブロックを削除してネコのスクリプトエリアに何もなくなったら、次節から新しい方法でネコを動かしてみることにします。

06 ネコを動かしてみよう❷

01 別の方法で解決しよう

ここではネコの動きをスムーズにする方法として、「調べる」カテゴリーの中にある、キー入力の状態を調べるブロックを使う方法をご紹介します。「調べる」カテゴリーをクリックして、キー入力を調べるブロックを確認してみましょう。以下のブロックを見つけることができます。

スペース▼ キーが押された

第4章で確認したように「調べる」カテゴリーのこの形のブロックは、スプライトやキー入力の状態を調べることができます。このブロックを「スクリプトエリア」にドラッグして、▼から「右向き矢印」を選択します。これで、「右向き矢印キーが押されているかどうか」を調べることができます。

そして、この「右向き矢印キーが押された」ブロックと、「制御」カテゴリーにある「もし〜なら」ブロックを組み合わせることで、「もし右向き矢印キーが押されたなら」どうするのか？　という制御を行うことができるようになります。

そして、「どうするのか？」に対する回答となる2つのブロックを入れたのが、次のスクリプトになります。

もし 右向き矢印 キーが押された なら
90 度に向ける
10 歩動かす
追加する

これで、「もし右向き矢印キーが押されたなら」、スプライトを「90度に向ける」「10歩動かす」というスクリプトが完成しました。

02 作ったスクリプトはいつ実行される？

それではここで、右向き矢印キーを押してみましょう。……ネコが動きませんね。ここで注意してほしいのは、最初に作成したキー入力のイベント「右向き矢印キーが押されたとき」（P.128）とは異なり、このブロックだけでは、ネコを動かすことができないということです。なぜなら、「もし右向き矢印キーが押されたなら」ブロックを実行するための、そもそものきっかけとなるものが何もないためです。最初に作成した「右向き矢印キーが押されたとき」ブロックは、それ自体がスクリプトを実行するためのきっかけとなる、「イベント」のブロックでした。しかし、新しく作成した「もし〜なら」ブロックは「制御」のブロックであって、「イベント」のブロックではありません。そのため、これだけではスクリプトを実行することはできないのです。

それでは、ゲームスタートと同時にスクリプトが動くようにするためには、何のブロックを追加すればよいでしょうか。これが、P.102で紹介した「緑の旗がクリックされたとき」ブロックになります。

がクリックされたとき
追加する
もし 右向き矢印 キーが押された なら
90 度に向ける
10 歩動かす

第5章 Scratchでゲームを作ってみよう！ その❶

135

さて、このスクリプトを実行してみるとどうなるでしょうか。緑の旗をクリックしてからキー操作をしても……ネコは動作してくれないと思います。またもや失敗です！

03　うまく行かない謎を解こう

もう一度、このスクリプトを見てみましょう。

1 緑の旗がクリックされると実行がスタート
2 「右向き矢印キーが押された」かどうかを調べる
3 押されていたら、動きのブロックを実行する
　押されていなければ何もしない
4 終わり

となっています。このとき、「もし右向き矢印キーが押されたなら」の部分は、緑の旗がクリックされた直後に1回だけ実行され、それで終わってしまいます。

緑の旗をクリックしたときのことを思い出してください。そのとき、右向き矢印キーは押されていましたか？　押していなかったはずです。緑の旗をクリックした直後には右向き矢印キーを押していないわけですから、いくらキーを押し続けても反応してくれるはずがありません。

スクリプトの実行中は、キー入力のイベントがいつ発生するかはわかりません。そのため、そのイベントが発生したかどうかを「ずっと」確認し続けなければならないのです。「制御」カテゴリーに、「ずっと」とい

うブロックがあります。このブロックを追加することで、キー入力が行われたかどうかを、文字通り「ずっと」確認してくれるようになります。

```
■がクリックされたとき
ずっと                    ─── 追加する
  もし  右向き矢印 ▼ キーが押された  なら
    90▼ 度に向ける
    10 歩動かす
```

続いて、ブロックを以下のように組み立ててみてください。緑の旗をクリックすると、ネコがスムーズに上下左右に動いてくれると思います。キー入力のイベントブロックをきっかけに動作するスクリプトと、そうではない実現方法のちがいが明確になったでしょうか。

```
■がクリックされたとき
ずっと
  もし  上向き矢印 ▼ キーが押された  なら
    0▼ 度に向ける
    10 歩動かす

  もし  下向き矢印 ▼ キーが押された  なら
    180▼ 度に向ける
    10 歩動かす

  もし  右向き矢印 ▼ キーが押された  なら      追加する
    90▼ 度に向ける
    10 歩動かす

  もし  左向き矢印 ▼ キーが押された  なら
    -90▼ 度に向ける
    10 歩動かす
```

第5章 Scratchでゲームを作ってみよう！ その❶

137

プログラミングの重要な考え方 1

制御文を知ろう

スクリプトの流れをコントロールする

ここまで作成してきたスクリプトを、もう一度眺めてみてください。1つのキャラクターを動かすために、キー入力の状態を調べて、押されたキーの種類によってキャラクターの向きを変え、さらに10歩進ませる、という命令文（ブロック）の流れができあがっていることがわかると思います。このとき、**スクリプト全体の流れをコントロールしているブロック**が2つあります。**「ずっと」**と**「もし～なら」**です。「ずっと」では、キーが押されたかどうかの確認を「ずっと」行うように、スクリプトを制御しています。「もし～なら」では、どのキーが押されたかという条件によって行う処理を変えることで、スクリプトを制御しています。

「ずっと」確認を行う

条件によって行う処理を変える

このように、スクリプト全体がどのように流れていくかをコントロールするための命令のことを、**「制御文」**と呼びます。手続き型プログラミングという考え方においては「指定回数ループ・条件制御・無限ループ

や「条件分岐・選択」などがそれに当たります。P.44で学んだ考え方を思い出してください。

Scratchの場合は、これらの命令ブロックが**「制御」カテゴリーに**分類されています。「制御」の「ブロックパレット」を見ることで、どんな制御（コントロール）が可能なのかを知ることができます。

回数を指定して繰り返したり、無限に繰り返させたり、スクリプト全体を止めたりするなど、目的に応じて使えるブロックが用意されています。最初の内はどれを使えばよいのかわからないかもしれませんが、それぞれのブロックを実際に使って試してみてください。

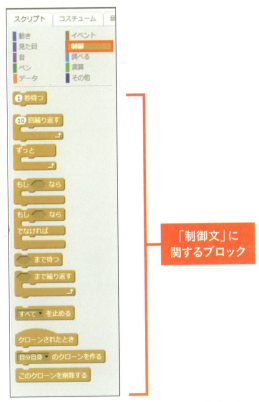

▲スクリプトの流れをコントロールするブロックは「制御」カテゴリーの中に入っている

07 星のキャラクターを追加しよう

01 スプライトを追加しよう

次は、星のキャラクターを追加しましょう。新しいスプライトの追加は、「スプライト一覧」の右上にある4つのボタンから行います。今回は「スプライトライブラリー」に用意されている「星」のスプライトを追加しますので、一番左のボタンをクリックしてください。

「スプライトライブラリー」が開いたら、「テーマ」の「休日」をクリックします❶。一覧の下の方にある「Star1」をクリックし❷、「OK」をクリックしましょう❸。

「スプライト一覧」に星（Star1）が追加されていれば成功です。

02 「星」を動かしてみよう

アイデアの段階で、「星」はマウスポインターを追いかけるように動かすと決めていました（P.122）。これは、瞬間移動を防止して、難易度を上げるためです。スクリプト一覧で星スプライトのアイコンが選択された状態で、次のようにブロックを組み立ててください。

「緑の旗がクリックされたとき」でスタートして、ゲーム中は「ずっと」動き続けます。星の動きは、「マウス」を追いかける動きです。そこで、「動き」カテゴリーにある「マウスのポインターへ向ける」ブロックを使います。「マウスのポインターへ向ける」ブロックはスプライトの向きをマウスポインターの方向に向けるだけなので、移動のために「10歩動かす」ブロックを入れることで、「マウスポインターの方向に向きを変えて10歩移動する」という動きを実現しています。これで、スクリプトを実行すると、マウスポインターに星がついてくる動きが完成します。

星の動きは、これだけで完成です（ネコよりも簡単ですね）。なお移動は、10歩から、ゲームの難易度がちょうどよいバランスになるように、調整してみましょう（以降は7歩に調整します）。

ネコのキャッチレーザーを作ろう

01　ペイントエディタを表示しよう

ネコと星が完成したところで、いよいよゲームらしい要素を追加していきましょう。ネコから発射されるキャッチレーザーを、新しいスプライトとして追加します。今回はScratchの「ペイントエディタ」を使って、自分で描いてみることにしましょう。「新しいスプライト」の左から2番目のペンのボタンをクリックします❶。すると、「ペイントエディタ」が表示されます❷。

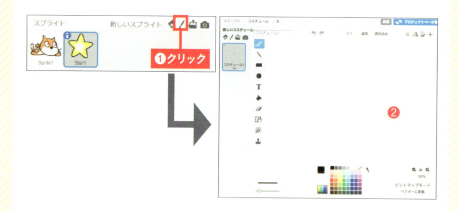

「スプライト一覧」に、新しいスプライトが追加されていることを確認してください。

02 ベクターモードに変換しよう

「ペイントエディタ」には、2つのモードがあります。「ビットマップモード」と「ベクターモード」です。「ビットマップモード」は、小さい点の集まりで絵を描くモードです。マウスでドラッグした通りに絵を描くことができるというメリットがあります。デメリットとしては、スプライトを拡大したときに画像の劣化（ギザギザ）が目立ってしまいます。

スプライトを拡大する必要があるなど、目的によっては「ペイントエディタ」右下の「ベクターに変換」ボタンをクリックして「ベクターモード」に切り替えてからスプライトを作るとよいでしょう。「ベクターモード」で描いた絵は拡大しても劣化がなく、キレイなスプライト表示になります。なお、「ベクターモード」のデメリットとしては、操作が直感的でなく、使いこなすには少し練習が必要ということがあります。

今回、レーザーは移動しながらサイズが大きくなっていくように作るため、拡大しても絵が崩れない「ベクターモード」を使って、レーザーの「コスチューム」を描いてみたいと思います。「ベクターに変換」ボタンをクリックしてください。

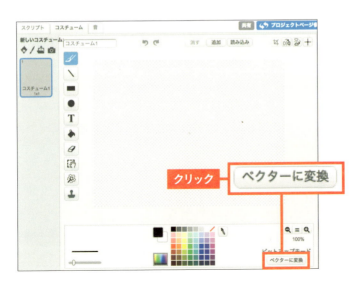

03 キャッチレーザーを描こう

レーザーの「コスチューム」は、単純な丸を描いてそれを塗りつぶすだけの簡単な絵にします（あとでお好みのアレンジにチャレンジしてください）。ツールボタンから、「楕円（シフト：円)」をクリックします。

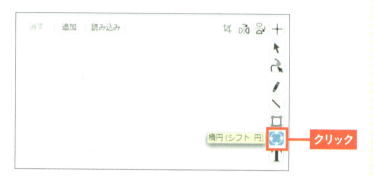

続いて「カラーパレット」から、好みの色（ここでは紫色）をクリックします。

「カラーパレット」の左側に円の内側の塗りつぶしをする・しないを選択するボタンが表示されているので、ここでは右側の塗りつぶしをするボタンをクリックします。

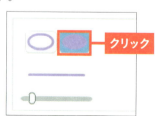

普通にドラッグすると、楕円形が描かれます。今回は楕円ではない方がよいので、「Shift」キーを押しながらドラッグして、キレイな正円を描きます。このとき、描画範囲の中心に円を描かないと、絵の中心もずれてしまうので注意が必要です。うまく中心に描けないときは、描画後にドラッグして中心に移動します。

また、円の大きさの目安としては、描画領域の左上と中心にある「＋」の半分くらいの位置から、「＋」と描画領域の右下の半分くらいの位置までドラッグするイメージで作成します。

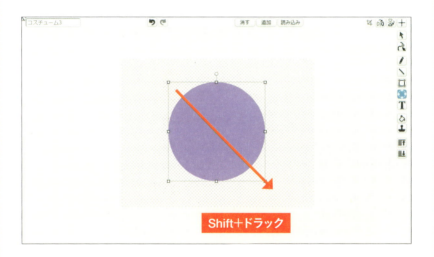

これで「レーザー」のスプライトが完成しました。「スプライト一覧」が以下のようになっていることを確認してください。

プログラミングの重要な考え方 2

メッセージを知ろう

スプライト間コミュニケーション

Scratchには、スプライトがほかのスプライトや「ステージ」、自分のほかのスクリプトに**メッセージを伝えることで、相互に連携した動作を実現できる機能**があります。「スクリプト」タブの「イベント」カテゴリーを開くと、メッセージに関連するブロックが3つあることがわかります。

◀「イベント」カテゴリーのメッセージに関連するブロック

例えばスプライト1が「メッセージを送る」と、そのメッセージは次ページの図のように、ほかのスプライトや「ステージ」、また、スプライト1本人にも伝わります。

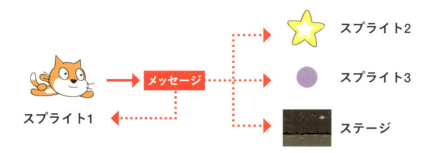

メッセージが送られてきたスプライトや「ステージ」に「メッセージを受け取ったとき」ブロックがある場合、「メッセージを受け取ったとき」ブロックにつながっているスクリプトが実行されます。「メッセージを受け取ったとき」ブロックが無い場合には、メッセージを受け取っても何もせず、無視することになります。

例えば、スプライト1とスプライト2に次のようなスクリプトが入っていた場合、スプライト1からメッセージを受け取る度に、スプライト2の「コスチューム」を切り替える動作が行われます。

今回のゲームでは、お互いの攻撃が当たったことを「メッセージ」で伝え、それを受けてゲームオーバー前の処理を実行するようになっています。「メッセージを送って待つ」ブロックについては、P.172で解説します。

09 レーザーを発射しよう❶
〜メッセージの送信

01　スプライトを隠そう

ネコが発射するレーザースプライトが完成したところで、いよいよネコがレーザーを発射できるようにプログラミングしてみましょう。このレーザーですが、ゲームがスタートした直後はどのような状態にしておくのがよいでしょうか。レーザーは、ネコを操作しているプレイヤーが「スペース」キーを押したときに発射される、というルールでした（P.122）。ですから、ゲームスタート時は表示されていてはいけません。「スクリプト」タブの「見た目」カテゴリーを見ると、「隠す（かくす）」というブロックがあります。この「隠す」ブロックをゲームスタート直後に実行すれば、レーザーを見えなくすることができます。ゲームスタートの合図は「緑の旗のクリック」ですから、レーザースプライトのアイコンが選択された状態で❶、以下のようにブロックを組みます❷。緑の旗をクリックして、レーザーのスプライトが見えなくなればOKです。見えなくなったスプライトは、同じ「見た目」カテゴリーにある、「表示する」というブロックを実行すると、再び表示されるようになります。

次に考えるのは、レーザーが表示されるきっかけです。ネコがレーザーを発射するのは「スペースキーを押したとき」でした。ネコのキー操作

として、上下左右の動きは作成しましたが、「スペース」キーを押したときのことは何も作っていませんでした。そこで、「スプライト一覧」のネコのアイコンをクリックして、ネコのスクリプトを追加してみましょう。

「スペース」キーが押されたことを確認するブロックを、以下のように組み立てます。

02 ほかのスプライトにメッセージを送ろう

「スペース」キーが押されたときに行いたいことは、レーザーのスプライトに、「スペースキーが押された」ことを伝え、その結果、ネコの向いている方向にレーザーが伸びていく、という動きを表現することです。ここで、P.146で解説したメッセージが登場します。メッセージは、ほかのスプライトに情報を伝えるための方法でした。「イベント」カテゴリーにある、「メッセージ1を送る」というブロックを、ネコの「スクリプトエリア」にドラッグします。このブロックを使って、ネコからレーザースプライトへ、メッセージを送信するのです。

「メッセージ1を送る」ブロックの▼をクリックして、「新しいメッセージ」をクリックします。

すると「新しいメッセージ」画面が表示されるので、「キャッチレーザー」というメッセージ名をつけて❶、「OK」をクリックします❷。これで、ブロックの名前が「キャッチレーザーを送る」に変わります。

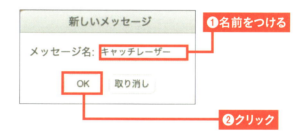

03 メッセージを送るタイミング

続いて、先ほど組み立てた「もしスペースキーが押されたなら」ブロックに「キャッチレーザーを送る」ブロックを組み合わせて、以下のようなスクリプトを組み立てます。

そして、最初に作成した、ネコを前後左右に動かすスクリプトの「ずっ

と」の一番最後に追加しましょう。これで、ネコを動かして「スペース」キーを押すと、「キャッチレーザー」という名前のメッセージがすべてのスプライトと「ステージ」に伝えられる準備が整いました。

```
🏴 がクリックされたとき
ずっと
    もし  上向き矢印 ▼ キーが押された  なら
        0▼ 度に向ける
        10 歩動かす

    もし  下向き矢印 ▼ キーが押された  なら
        180▼ 度に向ける
        10 歩動かす

    もし  右向き矢印 ▼ キーが押された  なら
        90▼ 度に向ける
        10 歩動かす

    もし  左向き矢印 ▼ キーが押された  なら
        -90▼ 度に向ける
        10 歩動かす

    もし  スペース ▼ キーが押された  なら       ┐追加する
        キャッチレーザー ▼ を送る              ┘
```

今度は、メッセージを受け取る側のプログラミングをしましょう。

10

レーザーを発射しよう❷ 〜メッセージの受信

01　スタンプブロックを使おう

前節までで、レーザーを発射するためのメッセージの発信準備が整いました。ここでは、発信されたメッセージを受信する側のスクリプトを作成します。最初に、ここで新しく使う「スタンプ」ブロックについてあらかじめ説明しておきます。「ペン」カテゴリーにあるこのブロックは、対象となっているスプライトと同じ見た目の画像を作って「ステージ」に貼りつける（スタンプする）、という機能を持ったブロックです。今回は、レーザー発射の画像効果を表現するのに使います。なおこのブロックで作られた画像は、スプライトではありません。そのため、それに対してスクリプトを作ることはできません。

スタンプ

「スタンプ」ブロックによって「ステージ」に貼りつけられた画像は、同じ「ペン」カテゴリーにある「消す」ブロックを使って消すことができます。「消す」ブロックを使わないと、スタンプブロックで作成して貼りつけた画像は、「ステージ」上に残り続けてしまいます。

消す

それでは、ネコから送信された「レーザー発射」のメッセージを受け取る側のスクリプトを考えていきましょう。メッセージは、すべてのスプライトが受け取ることができます。しかし、今回はレーザーを発射する

ためのメッセージなので、レーザーのスプライトだけがこのメッセージを受け取ることができればよいわけです。スクリプトを作成するのはレーザーのスプライトだけなので、「スプライト一覧」でレーザースプライトのアイコンをクリックして選択しましょう。

02 メッセージを受け取ろう

メッセージを受け取るためのブロックは、「イベント」カテゴリーの「キャッチレーザーを受け取ったとき」ブロックです。

このブロックをレーザースプライトの「スクリプトエリア」に置いて、ネコからのメッセージを受け取ったときに、どのような順番でレーザーの発射を表現すればよいかを考えてみましょう。

まず、レーザーを発射するとき、レーザーのスプライトは「ステージ」のどこにあればよいでしょうか？ ネコからレーザーが伸びていくようにするためには、発射のタイミングでネコと同じ位置にいないとおかしいですよね。そのため、発射のメッセージを受け取ったら、必ずネコのいる場所に移動するようにします。これを実現するためには、「動き」カテゴリーの「マウスのポインターへ行く」ブロックを、「Sprite1へ行く」に変更して使います。Sprite1というのは、ネコのことです。

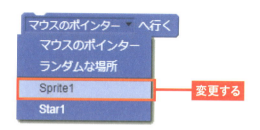

しかし、レーザーがネコ（Sprite1）のところに移動しただけでは、何も表示されません。「隠す」ブロック（P.148）で消えていたスプライトを、「見た目」カテゴリーの「表示する」ブロックで表示させます。

ここで、緑の旗をクリックして「スペース」キーを押すと、ネコの場所に大きなレーザースプライトが重なって表示されると思います。

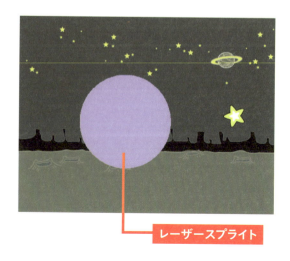

03 レーザーの表現を作ろう

これでようやく、レーザーがネコからのメッセージを受け取って、「スペース」キーが押されるとレーザーが表示されるスクリプトが完成しました。このレーザーは、発射されると少しずつ大きくなっていくようにしたいと思います。そこで、最初は大きさを小さくするブロックを追加しておきましょう。ここでは「大きさを15%にする」ブロックを追加します。大きさ変更ブロックは、いろいろと数字を変えてみて、どのくらいの大きさになるか、自分で試してみてください。

そして、ネコのいる位置からネコの向いている方向に向かって、最初に説明した「スタンプ」ブロックを使って、レーザー画像と同じ見た目の画像を作って貼りつけます。「10歩動かす」ブロックで少しずつ位置を変え、「見た目」カテゴリーの「大きさを5ずつ変える」で少しずつ大きくする操作を、「10回繰り返す」ブロックで10回繰り返すことで、レーザーがだんだん大きくなりながら一定距離進んでいくという動きが完成します。

ここでは移動する量として「10歩動かす」を10回繰り返して、レーザーの動きを100歩分にしています。あまりたくさんレーザーが動いてしまうと、「星」スプライトの逃げ場が無くなってしまいます。反対にゲームの難易度が簡単すぎるという場合は、この数字を大きめに調整することで、ゲームバランスを変化させることができるでしょう。このレーザーを表現するブロックを、先に作った「キャッチレーザーを受け取ったとき」の一連のブロックの一番下に組み合わせます。

ある程度の距離までレーザーが伸びたら、「制御」カテゴリーの「1秒待つ」ブロックをつなげて、1秒待ってからレーザーを消すことにします。そして、いよいよ最後のレーザーを消す処理ですが、スプライトを「隠す」だけだと、元のレーザースプライトが消えるだけで、それをコピーしたスタンプは「ステージ」上に残ってしまいます。「隠す」ブロックに加えて「ペン」カテゴリーの「消す」ブロックを追加して、スタンプを消すことを忘れないようにしましょう。

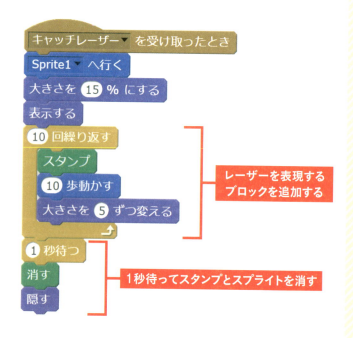

これで、「スペース」キーを押すとレーザーが発射され、1秒たつと消える動きが完成します。

ここまでの動作を確認すると、おかしなところがまだあります。それはネコが上下左右どこを向いているときでも、レーザーは常に右側に向かって発射されてしまう、ということです。レーザースプライトはネコの向きを知らないので、それを知る方法が必要になります。

ネコの向きに関わらず
レーザーは右側に発射される

レーザーを発射しよう❸
〜ネコの向きを調べる

01 スプライトの状態を知ろう

レーザー発射のタイミングで、ネコが向いている方向を知っているのは誰でしょうか。もちろん、ネコのスプライト自身がわかっているはずです。ネコのスプライトをクリックして、スクリプトを表示させてください。「動き」カテゴリーを開いて、下の方のブロックに注目しましょう。チェックボックスのついたブロックが３つあり、一番下に「向き」ブロックがあります。

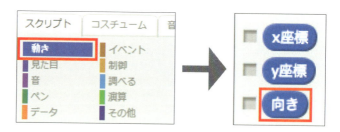

このブロックをネコの「スクリプトエリア」にドラッグして、クリックしてみてください。すると、ネコの向きを表す角度が吹き出しに表示されます。ネコが右向きなら「90」、下向きなら「180」と表示されます。吹き出しに表示されるのは、「向き」ブロックが持っている角度の情報です。ネコの角度が変わると、それに応じて「向き」ブロックが持つ角度の情報も変わるため、吹き出しの内容が変わってくるのです。

このように、状況によって内容が変わる情報のことを「変数」といいます（P.170）。この数字を見れば、今ネコがどちらの方向を向いているかがわかります。つまり、この「向き」変数ブロックに入っている値がわかれば、スプライトが今どの方向を向いているかを知ることができる、というわけです。

02 ほかのスプライトの状態を調べよう

学校の運動会では、色別に分かれて、得点をつけますね。その得点は、常にその場にいるすべての人に見える形で表示されていると思います。これと同じようなしくみがあれば、ネコの向きをレーザースプライトが知ることができそうです。

ネコの「スクリプトエリア」にある「向き」変数ブロックの値は、「調べる」カテゴリーにあるブロックを使うことで知ることができます。ネコの向きを知りたいのはレーザースプライトですから、「スプライト一覧」で、レーザースプライトのアイコンをクリックして選択します。

レーザースプライトの「調べる」カテゴリーをクリックして、「x座標（Star1）」ブロックを「スクリプトエリア」に配置します。

今回はこのブロックを、ネコのスプライトの向きを知ることができるように、▼をクリックして以下のように変更してみましょう。

この状態にしてからブロックをクリックすると、以下のようにネコスプライトの向きの値が表示されます。

03 スプライトを同じ方向に向けよう

それでは、このネコの向きを調べるブロックを使って、レーザースプライトの向きをそれと同じ値にするスクリプトを作成します。
「動き」カテゴリーの中から「〜度に向ける」ブロックを配置し、「〜」の部分に、先ほどのネコの向きを調べるブロックをドラッグして組み込みます。

下図のように、メッセージを受け取った直後にレーザーの向きを変えるようにこのブロックを追加します。

```
キャッチレーザー▼ を受け取ったとき
向き▼ ( Sprite1▼ ) 度に向ける     ]── 追加する
Sprite1▼ へ行く
大きさを 15 % にする
表示する
10 回繰り返す
  スタンプ
  10 歩動かす
  大きさを 5 ずつ変える
1 秒待つ
消す
隠す
```

これで、ネコの向いている方向に向かってレーザーが発射されるようになります。

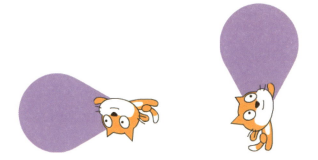

17 ネコの動きを制限しよう

01 状態を表す変数を使おう

ネコの動きが、かなりイメージに近づいてきました。しかし、今のスクリプトでは、ネコはレーザーを発射したあとも動き続けられるため、連続でレーザーを発射して「ステージ」を埋めてしまうということができてしまいます。そこで、このゲームのアイデア検討時に考えたように（P.122）、レーザー発射中はネコの動きを制限しましょう。「スプライト一覧」でネコのアイコンを選択し、「データ」カテゴリーの「変数を作る」をクリックします❶。「新しい変数」画面が表示されるので、「ネコの動き」という変数名を入力し❷、「すべてのスプライト用」を選択します❸。

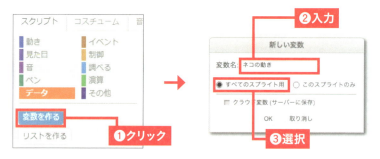

最後に「OK」をクリックすると、次のようなブロックが作られます。

一番上にあるのが、新しく作られた「ネコの動き」変数です。「ネコの動き」変数は、ネコが動ける状態にあるかどうかを確認するための情報が入る場所だと考えてください。ここでは、レーザーを発射していない状況では「OK」、レーザー発射中は「NG」、レーザーが消えたら「OK」という情報が入るように、スクリプトを作っていきます。

このとき、「ネコの動き」変数が「OK」ならネコを操作でき、「NG」なら操作できないようにするためのスクリプトを作りたいと思います。

02 比較するブロックを知ろう

ここでは「ネコの動き」変数の中身が「OK」であれば、すなわちレーザーを発射していない状況であれば、キー操作でネコを動かせるようにスクリプトを組むことになります。このような場合、「演算」カテゴリーの中にある比較ブロックを使います。

「演算」カテゴリーを開くと、次のようなブロックが表示されます。

163

今回は、「ネコの動き変数」が「OK」であれば、という条件を作りたいわけです。つまり、2つのものを比較して「同じ」と判断したいのですが、このようなときは算数で使う「＝」という記号（＝の左側と右側が同じ、という意味）を使うことができます。「ネコの動き変数」＝「OK」というわけですね。そこで、以下のブロックをネコの「スクリプトエリア」に置いてください。

今回比較したいのは「ネコの動き」変数の中身と「OK」という文字です。そこで、「データ」カテゴリーの「ネコの動き」変数を、左側の□に入れます。

次に、右側の□に「OK」という文字を半角英数字で入力します。

この状態で、比較ブロックの緑色の部分をクリックしてみてください。吹き出しに、「false」（「いいえ」の意味）と出ているでしょうか。「ネコの動き」変数を作成したとき、最初に入っている値は「0」なのです。

「0」と「OK」は＝ではないので、結果は「false」になります。
次に、「データ」カテゴリーの「ネコの動き」変数の以下のブロックを、

ネコの「スクリプトエリア」に置いてみましょう。

そして、「0」の部分を半角英数字で「OK」に書き換えましょう。

これで、「ネコの動きをOKにする」というブロックができました。このブロックを一度クリックします。そのあと、もう一度比較ブロックをクリックすると、吹き出しが「true」（「はい」の意味）に変化するはずです。

03 状態が変わるまで待とう

それでは、この「ネコの動き」変数をもとにして、ネコの操作を制御するスクリプトを完成させましょう。「制御」カテゴリーの「〜まで待つ」ブロックを、「スクリプトエリア」に置きます。

このブロックの条件を入れる部分に、先ほど作成した「ネコの動き＝OK」という比較ブロックを当てはめてみます。

これをネコのキー操作の前に追加することで、「ネコの動き」変数が「OK」以外のときは、このブロックで待つことになり、ネコは動くことができなくなります。ここで緑の旗をクリックして、ネコが上下左右に動けることを確認しておきましょう。

次に、今度は「ネコの動き」変数が「OK」以外の場合を作り出すためのブロックを用意します。「データ」カテゴリーの「ネコの動きを0にする」ブロックをドラッグして「スクリプトエリア」に置き、「ネコの動きをNGにする」に書き替えます。

「ネコの動きを NG にする」をクリックし、緑の旗をクリックしてスクリプトを実行してみましょう。ネコが動けない状態になっていれば、正しく動いていることになります。

ここまでのところで、「ネコの動きを OK にする」と「ネコの動きを NG にする」の2つのブロックをクリックして、OK と NG を切り替えました。しかし、実際のゲームでは、いちいちこれらのブロックをクリックしてからスクリプトを実行するということはしません。緑の旗をクリックしたとき、必ずネコが動ける状態になっている必要があります。つまり、ゲームをスタートさせるときには、必ず「ネコの動き」変数が「OK」になっている必要がある、ということです。そこで以下のように、「緑の旗がクリックされたとき」の直後に「ネコの動きを OK にする」ブロックを追加しましょう。

04 状態を変化させるタイミング

今度は、レーザースプライト側に注目して、ネコの動きを止めるスクリプトを作ってみます。レーザースプライト側では、ネコがレーザーを発射した際、ネコの動きを止めるために、「ネコの動き」変数を「NG」に変える必要があります。「スプライト一覧」で、レーザースプライトのアイコンを選択します。P.166と同様の方法で「ネコの動きをNGにする」ブロックを作成し、「キャッチレーザーを受け取ったとき」の下に追加します❶。これで、レーザーが発射された瞬間に「ネコの動き」変数が「NG」に変化するので、ネコは身動きが取れなくなります。

そして、このレーザースプライトの最後の部分、レーザーが消えたタイミングで「ネコの動き」変数を「OK」に戻すために、「ネコの動きをOKにする」ブロックを作成し、最後に追加します❷。これで、動きが止まっている状態が解除されて、ネコが動き出すことができるようになります。

キャッチレーザー▼ を受け取ったとき
ネコの動き▼ を NG にする ── ❶追加する
向き▼ (Sprite1▼) 度に向ける
Sprite1▼ へ行く
大きさを 15 % にする
表示する
10 回繰り返す
  スタンプ
  10 歩動かす
  大きさを 5 ずつ変える
1 秒待つ
消す
隠す
ネコの動き▼ を OK にする ── ❷追加する

168

これで、レーザーが表示されている間はネコを動けないようにして、表示が終わると再び動き出せるしくみが完成しました。

それでは、ここまでの動作が意図した動きになっているか、確認してみましょう。確認するポイントは、以下の通りです。

❶ゲームスタート時にネコが動けるか
❷レーザーを発射している間、ネコは動けなくなっているか
❸レーザーが消えたあとにネコは動けるか
❹レーザーを発射している間に「すべてを止める」ボタンで中断して、緑の旗をクリックして再スタートしてネコを再び動かせるか

このように、作ったスクリプトが自分の意図したように動作するかをいくつかの観点から検証しながら試行錯誤していきましょう。検証のためにScratchの別プロジェクトを作って、そちらで動作を確認してもよいでしょう。また、これ以外に確認する項目がないかどうか、ゲーム感覚でバグを見つけてみてください。

実は、❹のところでバグが見つかるはずです。ネコは動きますが、レーザーのスタンプ部分が画面に残ってしまうバグがあるのです。このバグは、レーザースプライトのスクリプトで、緑の旗をクリックした直後に「消す」ブロックを入れることで解決できます。

プログラミングの重要な考え方 3

変数を知ろう

例えば友達と競い合うゲームを作るときに、お互いの結果を比較するのに使うのは何でしょうか？ また、野球やサッカーなどのスポーツで勝敗を決めるものは何でしょうか？ 共通するのは、ゲームの「得点（スコア）」です。この得点は、「スコアボード」に表示したり、ノートなどに書き残していくことで、記録していきます。そしてこの得点は、ゲームやスポーツの進行に合わせて常に変化していきます。

それと同じように、コンピューターを使ったゲームでも、スコアを記録をしておくための場所を用意する必要があります。

このように、==内容が次々に変わっていくデータを記録するための場所のことを、「変数」と呼びます==。前節では、この変数に「OK」や「NG」といった文字を入れて、その内容を変化させることで、スプライトの動きをコントロールしていました。

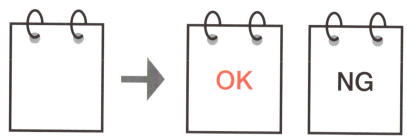

変数「ネコの動き」

Scratchでは、このように次々と変わっていくデータを保存しておくための変数は、皆さんが名前を決めてブロックとして作ってあげる必要があります。「データ」カテゴリーの「変数を作る」ボタンをクリックす

ると、「新しい変数」画面が開きます。変数名に自分で決めた名前を入力して「OK」ボタンをクリックすると、データを記憶しておくための場所、つまり変数を作ることができるのです。

例えば「スコア」という名前の変数を作ると、「データ」カテゴリーに、「スコア」変数に関する複数のブロックが追加されます❶。同時に、「ステージ」上にスコアボードのようなものが表示されます❷。変数のブロックに入っているデータの内容が、このスコアボードに表示されます。以下の画面は、「スコア」という名前の変数に「0」というデータが入っていることを示しています。

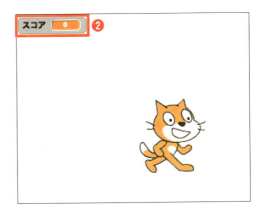

追加されたブロックの内、下の2つは、「ステージ」上に表示される変数の表示・非表示を切り替えるためのブロックです。

171

|章末コラム|

変数を使わずにネコの動きを止めるには

もう1つのメッセージブロック

この章では、ネコの動きを止めるために「変数を確認する」という方法で、スクリプトを作りました。しかし、実は変数を使わずにネコの動きを止める方法があるのです。ここまでのスクリプトでは、「スペース」キーが押されると、「（　）を送る」ブロックを使ってレーザースプライトにメッセージを送信し、発射したことを知らせていました。この「（　）を送る」ブロックは、メッセージを送ったあと、すぐに次のスクリプトの実行に進みます（つまり、ネコのキー操作ができます）。P.146で紹介したように、メッセージを送るためのブロックには2種類ありました。もう1つが、「（　）を送って待つ」ブロックです。

「（　）を送って待つ」というブロックは、基本的な動きは「（　）を送る」と同じですが、このブロックの場合、メッセージを送ったあとは「（　）を受け取ったとき」のうしろにあるすべてのスクリプトが動作を終えるまで、その位置で待ち続ける動きをします（これにより、ネコのキー操作ができなくなります）。

つまり、「（　）を送って待つ」ブロックを使うことで、キャッチレーザーの動作スクリプトの実行がすべて終わるまで、ネコは動けないことになるのです。これにより、スクリプトをシンプルなものに書き換えられます。

このように、同じ動作を実現する方法はいくつかありますが、このような便利なブロックの特徴に気づくためにも、ほかの人の作品のスクリプトを読む、マネをしてみるといった活動が大切になります。お気に入りのプロジェクトを見つけたら、「中を見る」ボタンをクリックしてみましょう。

第6章

Scratchでゲームを作ってみよう!

その❷

01 ゲームオーバー条件を
チェックしよう

01　レーザーが星をキャッチするとは？

2つの登場キャラクターがそれぞれ動けるようになり、ネコについてはキャッチレーザーが発射できるところまで来ました。でも、まだ星がネコの発射するレーザーに触れても何も起きないので、ゲームとしては成立していませんね。この章では、最初にネコがレーザーで星を捕まえたときにゲームオーバーになる、というところまでを作ってみましょう。この段階では星は逃げることしかできませんが、ネコが攻撃して星は逃げる、というゲームとしては完成します。

最初に、「レーザーが星をキャッチする」というのは、どのような状態のことなのか、考えてみましょう。レーザーも星もスプライトですから、「それぞれのスプライトがお互いに触れているかどうか」をチェックすることで、判断できそうです。しかし、ここで注意しなければならないのは、ネコから伸びるように表示されるレーザーは、伸びていく先頭の部分はスプライトですが、スプライトの移動した跡の部分は「スタンプ」になっていて、これはスプライトではないということです。つまり、「レーザーと星のスプライトがお互いに触れているかどうか」でキャッチしたかどうかを判断することはできない、ということになります。

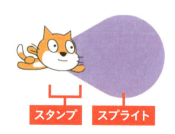

それでは、スプライトではないスタンプに触れたことを知るためには、どうすればよいでしょうか。いろいろな方法が考えられますが、今回は、「色」に着目してみましょう。レーザーは、スプライト部分もスタンプ部分も同じ色になっています。そのため、星がレーザーの色に触れたことをチェックできれば、スプライトであるかスタンプであるかに関わらず、レーザーに触れていることが確認できます。

「調べる」カテゴリーを見ると、「□色に触れた」ブロックや「□色が□色に触れた」ブロックがありますね。星スプライトが何色に触れたかは、これらのブロックを使うことで実現できそうです。

「□色に触れた」ブロックを星スプライトの「スクリプトエリア」に置いて、□部分をクリックします。すると、マウスポインターが「手」の形になります（WindowsとMacで若干ちがいがあります）。

その状態で、触れたことを確認したい対象となる色（ここではレーザースプライトの色）をクリックすることで、調べたい色を確定することができます。

02 色に触れたことを判定しよう

それでは、いよいよゲームらしくするための当たり判定スクリプトを作成しましょう。ここでやりたいことを言葉にすると、「もし、星スプライトが〜ならゲームオーバーにする」ということですね。「もし〜なら」というのは、「制御」カテゴリーにブロックがありました（P.138）。

この「もし〜なら」ブロックに、「□色に触れた」ブロックを組み込みます。

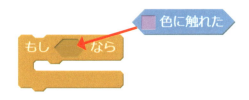

ところでひとくちに「ゲームオーバーにする」といっても、具体的に、どんなことをすればよいでしょうか。もともと、ゲームオーバーになるときには、ちょっとしたアクションを入れることを考えていました（P.124）。このとき、星やネコのキャラクターが、それぞれ別のアクションをするという設定になっていました。これは、星とネコ、両方のスプライトが、レーザーと星が触れたことを知らなければ実現できません。

そのために使えるしくみとして、「イベント」カテゴリーにある「メッセージを送る」ブロックがあったことを思い出してください（P.146）。星がレーザーの色に触れたことを、「メッセージを送る」ブロックで伝えます。あとはそのメッセージを受け取ったスプライトごとに、それぞれの動きを作っていけば実現できるはずです。

P.150で作成した、「イベント」カテゴリーの「キャッチレーザーを送る」ブロックを星スプライトの「スクリプトエリア」に配置して、▼から、「新しいメッセージ」をクリックします❶。以下の画面が表示されるので、「キャッチ」と入力し❷、「OK」をクリックします❸。

「キャッチを送る」ブロックが作られるので、先ほど作った「もし□色に触れたなら」ブロックの間に追加します。

次に、このブロックをどこに入れればよいでしょうか。「もし～なら」というブロックは、ネコのキー操作を作成したときに、これ単独では何も実行できなかったということを思い出してください（P.135）。実行するきっかけとなるイベントブロックや、繰り返し実行するためのブロックを入れなければならなかったですよね。

星スプライトは、ゲーム中、マウス操作を追いかけることをずっと実行しています。色に触れたかどうかのチェックも、ゲーム中ずっとしていなければなりません。そのため、下記の位置に配置することが必要です。

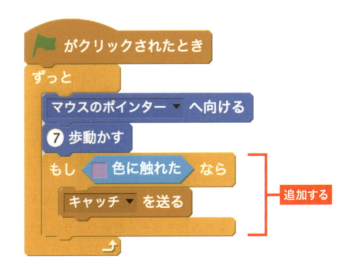

ゲームオーバーの
アクションを作ろう

01 ゲームオーバーアクションを表現しよう

これまでのところで、星がレーザーに触れると、「キャッチ」メッセージがすべてのスプライトに送られるしくみが整いました。レーザーの「キャッチ」メッセージを受け取って、ゲームオーバーのアクションを実行するのは、星とネコの両方です。P.124で決めたアクション案に従って、ブロックを作ってみましょう。

まずは、星スプライトがレーザーに触れて負けてしまった（「キャッチ」を受け取った）ときのアクションを作ります。星スプライトの「スクリプトエリア」に「キャッチを受け取ったとき」ブロックを配置し、続けて以下のようなスクリプトを作成します。

❶「見た目」カテゴリーのブロックで「モザイクの効果」を変化させる（変化の数値は「5」とします）

❷「見た目」カテゴリーのブロックで大きさを変化させる（変化の数値は「10」とします）

❸❶❷を20回繰り返す

❹「見た目」カテゴリーのブロックで大きさを元に戻す（100%）

❺「すべてを止める」でスクリプトを終了する

これをブロックとして組み立てると、右図のようになります。それぞれのブロックがどこにあるか、また内容をどのように変更しているか、しっかり確認しながら作りましょう。

180

ここまでできたら、動作確認をしてみましょう。レーザーを発射したときに星が触れるように動かすと、以下の画面のようなアクションをしてからスクリプトが停止するでしょうか。

もし、ここで画像の効果をモザイク以外にしてみたい、と思ったら「モザイク」の部分をほかの効果に変えて、改造してみましょう。そのほかにも、大きさの変化や何回繰り返すかの数字を変えるとどうなるかを確認しておくと、今後の作品作りに役立つでしょう。

02　ネコのアクションを表現しよう

星スプライトから送られた「キャッチ」メッセージは、ネコにも届いています。そのため、星を捕まえたネコが勝利したことを表現するために、ネコのスプライトにもアクションを設定してみます。

P.124の設定では、星を捕まえたときのネコのアクションは、「ネコのスプライトのコスチュームを切り替える」というものでした。ネコのスプライトは、2つ用意してありました。2つ目の方に切り替えて、勝利したことをネコに表現してもらいましょう。

スプライト切り替えのきっかけになるのは、ゲームオーバー時のアクションとして星スプライトから送られた、「キャッチ」メッセージです。使用するブロックは、星スプライトのときと同じで、「キャッチを受け取ったとき」ブロックを使います。

この「キャッチを受け取ったとき」ブロックをネコの「スクリプトエリア」に配置して、「見た目」カテゴリーにある「コスチュームを〜にする」ブロックにつなげることで、ゲームオーバー時のアクションである「コスチューム切り替え」が実現できます。「コスチュームを〜にする」ブロックの▼をクリックして、「cat1 flying-b」に変更します。正しく動作するか、「キャッチを受け取ったとき」ブロックをクリックして確かめてみましょう。

```
キャッチ▼ を受け取ったとき
コスチュームを cat1 flying-b▼ にする
```

さらに、ゲームオーバーになったあと、再度ゲームを始めるとネコの
ポーズがどうなるかを確認してください。ゲームオーバーのときと同じ
ポーズのままだと変ですね。ゲームスタート時には必ず元の状態に戻っ
ていてほしいので、スタート直後に「コスチューム」を元に戻すブロッ
クを追加しましょう。このとき、切り替える「コスチューム」は「cat1
flying-a」になります。

```
🏴 がクリックされたとき
コスチュームを cat1 flying-a▼ にする          ┐── 追加する
ネコの動き▼ を OK にする
ずっと
    ネコの動き = OK まで待つ
    もし 上向き矢印▼ キーが押された なら
        0▼ 度に向ける
```

また、ネコが最後に向いていた方向によっては、逆さまになった状態に
なっていることもあるでしょう。ゲームのスタート時に、きちんと右を
向いた状態にしておきたいと思ったとき、使うブロックは何になるか考
えて追加してみましょう（答えは自分で考えてから P.218の Web サイ
トにアクセスして、完成スクリプトを見てください）。

183

スターミサイルを追加しよう

01 新しいスプライトを追加しよう

ネコが星を捕まえられるようになったことで、ゲームとして成立するようになってきました。ですが、星が逃げてばかりではなく、反撃もできるようにしたいですね。次は、その部分を作っていきましょう。最初に、星スプライトが発射する「スターミサイル」スプライトを追加しましょう。P.140の方法で「スプライトライブラリー」を表示して、「休日」❶から「Star3」❷を選択し、OKをクリックします❸。

これでスターミサイルスプライトが追加されたわけですが、「ステージ」を見ると、ネコや星に比べてかなりサイズが大きいですね。適切なサイズまで小さくしてみましょう。緑の旗ボタンのすぐ上にボタンが並んでいます。この中で矢印が中央に集まっているのが「縮小」ボタンです。このボタンをクリックすると❶、マウスポインターの形が変わります。

この状態で、「ステージ」上のスターミサイルスプライトをクリックしていくと❷、クリックするたびに少しずつ小さくなっていきます。縮小が完了したら、もう一度同じボタンをクリックして、マウスポインターを元に戻します。

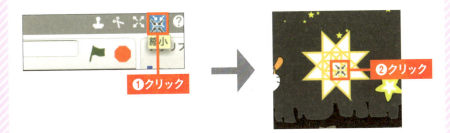

この縮小操作は、「見た目」カテゴリーの大きさを変えるブロックで数値を指定して行うこともできます。「スプライト一覧」でスターミサイルのアイコンを選択し、以下のブロックを配置します❶。これは、ゲームスタート時に、スターミサイルの大きさを元の大きさの40%にした例です。このスターミサイルの大きさは、ネコの逃げやすさという難易度を調整するのに使えます。

また、このスターミサイルのスプライトはゲームスタート時に表示されている必要はありません。マウスボタンがクリックされたときだけ表示されればよいので、「隠す」ブロックを追加しておきます❷。

なお、先ほどの「縮小」ボタンでスターミサイルを小さくしていた場合は、「大きさを40%にする」ブロックは必要ありません。「緑の旗がクリックされたとき」と「隠す」ブロックがあればOKです。

02 スターミサイルを発射できるようにしよう

星のスプライトがスターミサイルを発射するための操作は、マウスの左クリックということを最初に決めておきました（P.122）。それでは、「スプライト一覧」で星のアイコンを選択して、スターミサイル発射のきっかけとなるスクリプトを作成していきましょう。

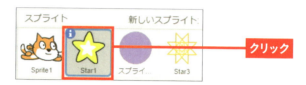

マウスボタンのクリックを調べるために、「調べる」カテゴリーに該当するブロックがあるかどうか探してみましょう。「マウスが押された」というブロックが使えそうですね。このブロックは単独で使うことができませんので、「制御」カテゴリーにある「もし〜なら」のブロックと組み合わせて使います。

そして、マウスがクリックされたタイミングで、別のスプライトであるスターミサイルに対して、発射のメッセージを伝えましょう。P.178の方法で、「イベント」カテゴリーの「キャッチを送る」ブロックから新しいメッセージ「発射」を作り、「発射を送る」ブロックを作ります。

このブロックを「もしマウスが押されたら」ブロックの間に配置すれば、マウスがクリックされたタイミングで、「発射」のメッセージを星からスターミサイルに送ることができるようになります。

さて、この「もし〜なら」ブロックですが、実行のきっかけとなるブロックにつながっていませんので、このままだと何もしてくれません。そこで、「緑の旗がクリックされたとき」ブロックと、「ずっと」ブロックを追加します。ゲームスタートのきっかけは「緑の旗がクリックされたとき」ですし、マウスボタンがクリックされたことを知りたいのは「ゲーム中ずっと」だからです。

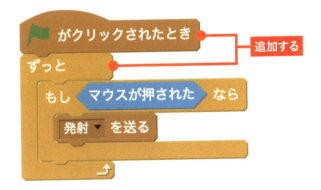

03 スターミサイルを発射しよう

次は、「スプライト一覧」でスターミサイルのアイコンを選択して、星スプライトから「発射」メッセージを受け取ったときのスクリプトを作成しましょう。

最初に、星のスプライトから伝えられたメッセージを受け取るために、「イベント」カテゴリーから「〜を受け取ったとき」ブロックを配置します。▼をクリックして、「発射」を選択します。

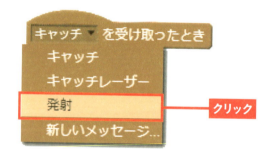

またスターミサイルのスプライトは、ゲームスタート直後は「隠す」ブロックによって表示されていません（P.185）。「発射を受け取ったとき」ブロックで発射のメッセージを受け取ったときに、「表示する」ブロックで表示されるようにします❶。

また、ネコのキャッチレーザーのときと同じように、発射のタイミングでスターミサイルスプライトがどの場所にあるかはわかりません。発射するのは星スプライトなので、その場所に移動することが必要になりま

す。そこで、「「Star1」へ行く」ブロックを追加します❷。そして、発射されたあとは「端に触れたまで繰り返す」ブロック❸と「10歩動かす」ブロック❹により、「ステージ」の端に触れるまで移動し続けるようにします。最後に、「ステージ」の端に触れたら消えるように、「隠す」ブロックを追加します❺。

ここまでのスクリプトでゲームをスタートしてみると、問題があることに気が付きます。それは、スターミサイルが常に同じ方向（右方向）に向かって飛んでいくという点です。これでは、思ったようにネコを狙うことができません。ネコのキャッチレーザーの向きと同じ問題ですね。そこで、星スプライトが向いている方向に向かってスターミサイルが飛んでいくように、スクリプトを作ることになります。そのためには、星スプライトの向きをスターミサイルが知る必要があります。

星はマウス操作によって動かしていますが、その動いている向きは、「動き」カテゴリーの中にある「向き」ブロックに入っています。「スプライト一覧」で星スプライトのアイコンを選択し、「動き」カテゴリーの「向き」ブロックを配置します。

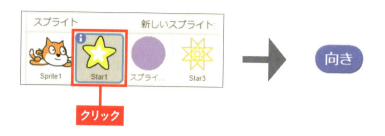

ここで「向き」ブロックをクリックすると、星スプライトの現在の向きが数値で表示されることを確認してみましょう。これが、星の向きの入った変数になります。

続いて、スターミサイルスプライトのアイコンをクリックして、P.159でネコの向きを調べたときと同じように「調べる」カテゴリーにある「x座標（Star3）」ブロックを配置します。▼をクリックして、以下のように「向き（Star1）」に変更してからこのブロックをクリックすると、先ほどの「向き」ブロックと同じ数値が表示されると思います。これが、星スプライトの向きになります。

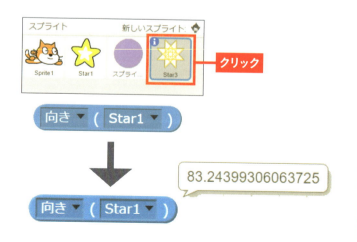

04 スターミサイル完成！

これで、スターミサイルが、星スプライトの向いている方向を把握できるようになりました。続いて、ミサイルの発射される方向を設定しましょう。「動き」カテゴリーの「90度に向ける」ブロックに、先ほど作った「星スプライトの向き」ブロックを組み込みます。

向き▼ (Star1▼) 度に向ける

発射メッセージを受け取った直後に方向を変更するため、このブロックを以下の図の位置に追加します。これで、スターミサイルが星スプライトの進んでいる向きに飛んでいくか確認してみましょう。マウスで操作した星スプライトの進行方向とミサイルの進む方向が一致していれば成功です。

ネコのゲームオーバー条件を作ろう

01 ネコの当たり判定を作ろう

いよいよ仕上げです。今の状態では、スターミサイルがネコに命中してもネコを素通りしてしまい、ゲームオーバーにはならない状況です。スターミサイルがネコに命中し、ゲームオーバーになる部分のスクリプトを作成します。ゲームオーバー条件をチェックする場所は、スターミサイルでもネコでも可能ですが、ここではネコ側で確認することにします（スターミサイル側で確認する場合に、スクリプトがどうなるのかにもぜひ挑戦してみてください。今後の作品作りに役立つ発見があると思います）。「スプライト一覧」で、ネコのスプライトのアイコンを選択しましょう。またここでは、ネコのゲームオーバー時のアクションを、「ブロックを作る」機能を使って定義してみます。

ネコがスターミサイルスプライトに触れたかどうかを確認するためには、「調べる」カテゴリーにある「～に触れた」ブロックが使えます。相手のスターミサイルスプライトは「Star3」という名前なので、▼をクリックして「Star3に触れた」とします。このブロックと、「制御」カテゴリーの「もし～なら」ブロックと組み合わせることで、当たり判定が実現できます。

この当たり判定はゲーム中「ずっと」していないといけないので、ここでは次ページのように「ずっと」の最後に入れてみましょう。

```
🏳 がクリックされたとき

コスチュームを cat1 flying-a ▼ にする

ネコの動き ▼ を OK にする

ずっと
    ネコの動き = OK まで待つ

    もし 上向き矢印 ▼ キーが押された なら
        0 ▼ 度に向ける
        10 歩動かす

    もし 下向き矢印 ▼ キーが押された なら
        180 ▼ 度に向ける
        10 歩動かす

    もし 右向き矢印 ▼ キーが押された なら
        90 ▼ 度に向ける
        10 歩動かす

    もし 左向き矢印 ▼ キーが押された なら
        -90 ▼ 度に向ける
        10 歩動かす

    もし スペース ▼ キーが押された なら
        キャッチレーザー ▼ を送る

    もし Star3 ▼ に触れた なら        ━━ 追加する
```

スクリプトが、縦にかなり長くなってしまいました。ここにゲームオーバーのアクションを入れるとさらに長くなって、見通しが悪くなりそうです。そこで、「その他」カテゴリーの「ブロックを作る」機能を使ってみましょう。

第6章 Scratchでゲームを作ってみよう！ その❷

193

02　新しいブロックを作ろう

「その他」カテゴリーで、「ブロックを作る」をクリックすると❶、「新しいブロック」画面が表示されて、ブロックに名前をつけることができます。「ネコあたり」と入力して❷、「OK」ボタンをクリックします❸。

すると、「ネコあたり」というブロックができると同時に、「スクリプトエリア」に「定義「ネコあたり」」というブロックが出現します。

「定義「ネコあたり」」ブロックに、ネコにスターミサイルスプライトが当たったときのゲームオーバー処理をブロックにして、つなげます。この処理が、「ネコあたり」ブロックを追加した場所で実行されます。

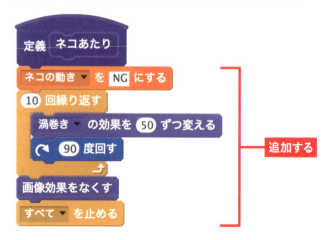

最後に、「その他」カテゴリーから「ネコあたり」ブロックを当たり判定のところに入れれば完成です！

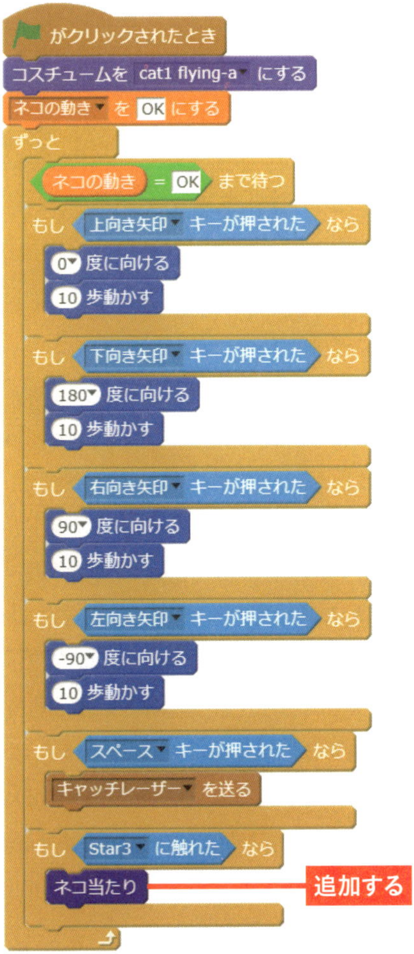

がクリックされたとき
コスチュームを cat1 flying-a にする
ネコの動き を OK にする
ずっと
　ネコの動き = OK まで待つ
　もし 上向き矢印 キーが押された なら
　　0 度に向ける
　　10 歩動かす
　もし 下向き矢印 キーが押された なら
　　180 度に向ける
　　10 歩動かす
　もし 右向き矢印 キーが押された なら
　　90 度に向ける
　　10 歩動かす
　もし 左向き矢印 キーが押された なら
　　-90 度に向ける
　　10 歩動かす
　もし スペース キーが押された なら
　　キャッチレーザー を送る
　もし Star3 に触れた なら
　　ネコ当たり　　　　　　　　← 追加する

これでゲームはいったん完成ですが、音楽・効果音、時間制限、複数回当たってからゲームオーバーや、何回当てたかを競うゲームにするなどの改造を行って、おもしろい要素を追加してみてください。なお、完成したプログラムは P.218 の Web サイトで見ることができます。

章末コラム 新しいことへの挑戦

魅力ある作品へと進化させる

自分の作品が完成したら、そのあとは、より個性的な作品へと進化させる活動をしてみましょう。その過程では、本書では紹介できなかった機能を利用することで、魅力ある作品へ進化させることも可能です。

例えば「星」のスプライトについて、ゲームの要素には関係しませんが、流れ星のような効果を表現できると、見ていて楽しい演出になりそうです。これには、Scratch2.0から導入された、スプライト自身をステージ上で分身させる「クローン」機能が適しています。この機能は、シューティングゲームの弾の連射を表現するのに適したものになっているのですが、同じ機能でも、使い方次第でゲーム要素に影響を与えたり、見せ方を工夫できたりするなど、さまざまな用途に活用できるのです。

また、スプライトをランダムな位置に表示させることと、スプライト位置の移動を組み合わせれば、ステージの上から下に雨を降らせたり、星が流れるようにしたり、障害物が落下したりするようなゲームを作れます。

1つ1つの要素は小さくても、うまく組み合わせることで、自分だけの独自ルールで尖った作品へと進化させることができます。それらのすべてを本書で解説することはできませんが、Scratch は解説書などの情報が多いことが強みです。本書をきっかけにしてさらなる一歩を踏み出す際には、新しい本との出会いがあることを期待しています。

本書で作成した作品にアレンジを加えたものを、P.218の Web サイトで見ることができますので参考にしてください。

196

第7章 次は何をすればいいの?

01 アイデアを練ろう！

プログラミングで重要なのは、<mark>プログラミングによって何を実現したいか？　というアイデア</mark>です。プログラミングというと、パソコンの前でじっと考えているようなイメージがあるかもしれませんが、実際にはじっとしていてもアイデアというのは思い浮かばないものです。普段の生活の中、屋外で活動しているとき、そのほか、さまざまな場面でぶつかる「不便さ」や「物足りなさ」など、そういったところにアイデアの原石となるものが散らばっています。

こうした経験を通じて生まれる素朴な疑問、「なぜ、こうなのだろう？」といった<mark>小さな気付きを大切にしてください</mark>。そして、そこから生まれたアイデアの原石を磨く活動こそが、プログラミングなのだと思います。

また、「実現できっこない」とか「夢物語だよな」と考えてしまうようなことでも、メモとして書き留めておくと、それがいずれアイデアの原石となることがあります。今ある技術では実現することが難しそうに思えても、数年後には実現できている、ということがあるかもしれません。最近話題になっている「人工知能（AI）」の技術が大きく進展していることも、そのような事例の1つといえるでしょう。

プログラミングの世界の第一歩を踏み出し始めたら、自分ではできないだろうと思っていることを、コンピューターで解決できないか、考えてみましょう。大切なのは<mark>「考え続けること」「失敗しても試行錯誤を続けること」</mark>。そして、<mark>「こんなのあったらいいな」「作ったもので皆を喜ばせたい」という思いを持ち続けること</mark>です。また、プログラミングに関わらない、普段からの学びや遊びを極めることも、必ず皆さんの力になります。なるべくたくさんのことにチャレンジする機会を持ってほしいと考えています。

07 Scratchをもっと楽しもう！

Scratchの魅力の1つに、Scratchを使う世界中の人々の==コミュニティーの存在==があります。ScratchのWebサイトは、SNS（ソーシャルネットワーキングサービス）としての機能を備えており、==作品を公開してお互いに内容を見ることができます==。ほかの人のプログラミングのテクニックを知ることができますし、ほかの人が作った作品を改造（リミックス）することも許されています（その際は、オリジナル作品を制作した人への尊敬の気持ちが大切です）。また、Scratchユーザーどうしでディスカッションができる、==「フォーラム」==機能もあります。

こうしたScratchの機能の中で、特にオススメしたいのが==「リミックス」==です。楽しい作品を見つけたら、「中を見る」ボタンをクリックしてみましょう。自分が楽しいと感じた作品がどのように作られているのかを知り、より自分が気に入るようなものへと改造（スプライトを追加したり、新しい要素を追加したりしてみるなど）することで、==スクリプトを「読む力」「自分の望む形へと作り変える力」==の両方が身に付きます。こうした体験が、プログラミングをより楽しくすることにつながります。

なお、Scratchの世界で活動をしていくに当たって、以下のガイドラインをお子さんと一緒に読んで、意味を考えてみましょう。Scratcherの1人として、どのように行動すればよいかを知ることで、ScratchのWebサイトでより楽しく活動できるようになります。安易に個人情報を公開してしまわないように配慮することにもつながっていきます。Scratchコミュニティーに限らず、現実社会においても大切にしなければならない考え方です。

● Scratchコミュニティーのガイドライン　https://scratch.mit.edu/community_guidelines/

コミュニティーを活用して Scratch の世界を広げていこう！

第7章　次は何をすればいいの？

▲ Scratch のフォーラム画面

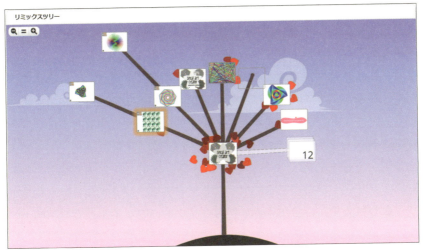

▲ Scratch ではほかの人の作品の改造（リミックス）も許されている

03 ほかの言語も試してみよう！

プログラミング言語には、この本で紹介したもの以外にもたくさんの言語があります。この本で紹介したのは主に子ども向けの言語でしたが、大人向けのプログラミング言語にはさらに多くの種類があります。それぞれのプログラミング言語には、**得意とする分野、特定の問題解決のために作られたもの**があります。自分のアイデアを最短距離で解決できるような言語があれば、その言語を使ってみる価値はとても高いといえるでしょう。

たくさんのプログラミング言語は、いわば道具箱の中に入った1つ1つの道具であるといえます。**自分が解決しようとしている課題に対して、適切なプログラミング言語を選択できる目を養う**ことも、プログラミングにおいては大切な視点です。これは複数の言語を経験することで得られる視点なので、ぜひ多くの言語にチャレンジしてみてください。

また、自分の持っている興味・関心を大切にしながら取り組める環境を試してみるのもオススメです。例えばマインクラフトには、マインクラフトの世界をより楽しむための、ComputerCraftMod による Lua 言語があります。こうした、**自分が関心のある分野の言語に取り組んでみる**と、明確な目的に向かってチャレンジできると思います。

なお、さまざまなプログラミング言語に共通して必要になる、周辺知識がたくさんあります。例えば、スクリプトそのものを保存しておくための「ファイル」や、ファイルをひとまとめにして整理するための「フォルダ（ディレクトリ）」などの概念については、プログラミング言語を深めていく場合に知っておくのがよいでしょう。スクリプトそのものも、スクリプトが処理する対象となるデータも、ファイルという概念で取り扱われます。自分が作成したスクリプトのファイルが行方不明……などということにならないためにも、最低限知っておくべき知識として身につけておきたいところです。

課題に対して適切なプログラミング言語を選ぼう

第7章 次は何をすればいいの？

代表的な大人向けプログラミング言語とその特徴

Python （パイソン）	グイド・ヴァンロッサム氏が作ったプログラミング言語です。数値計算・統計分析・深層学習・システム処理等、さまざまな分野で使われています。文法がシンプルで、初学者も学びやすいのが特徴です。 https://www.python.jp/
Java （ジャバ）	ジェームズ・ゴスリン氏、ビル・ジョイ氏が作ったプログラミング言語です。携帯電話・スマートフォンから、大規模なデータベース、サーバ、スーパーコンピューターまで、さまざまな機器上で動作することを前提に設計されています。 https://www.java.com/ja/
JavaScript （ジャバスクリプト）	ブレンダン・アイク氏が作ったプログラミング言語です。主な実行環境としてWebブラウザが使われ、動きのあるWebサイト制作など、ユーザインタフェース開発に使われてきました。最近ではサーバ側で実行されるものも出てくるなど、Web開発全体で使われています。名前にJavaと入っていますが、まったく異なる言語です。 https://developer.mozilla.org/ja/docs/Web/JavaScript
Ruby （ルビー）	Matz（まつもとゆきひろ氏）が作った国産のプログラミング言語です。Webアプリケーション開発で多く用いられています。Ruby on RailsというWebアプリケーションフレームワークによって、爆発的に広がりました。 https://www.ruby-lang.org/ja/
C# （シーシャープ）	マイクロソフトが作ったプログラミング言語です。Webアプリケーション開発、スマートフォンアプリ開発、ゲームアプリケーション開発など、適応範囲がとても広い言語です。強い型付け、命令型、宣言型、手続き型、関数型、ジェネリック、オブジェクト指向など、さまざまな考え方を導入したプログラミング言語です。 https://www.visualstudio.com/ja/
C（シー）	デニス・リッチー氏（AT&Tベル研究所）が作ったプログラミング言語です。汎用性が高く、システム記述からハードウェアを直接コントロールする組み込み用途まで、幅広く利用されています。1970年代に誕生した、歴史の長い言語です。コンピューターができることは、ほぼすべてこの言語で記述できる一方、コンピューター寄りの言語仕様のため、複雑で初学者には習得しにくいところがあります。Cを拡張して作られた、C++という言語もあります。

205

04 ラズベリーパイに挑戦しよう！

ラズベリーパイ（Raspberry Pi） は、イギリスのラズベリーパイ財団によって開発・普及が行われている、手のひらサイズの教育用パソコンです。本体基板上の GPIO（General Purpose Input/Output）という入出力ポートから、**センサーやモーター、カメラといった外部機器を電子回路に接続する**ことができます。プログラミングによってこれらの外部機器を動作させることで、アイデア次第で、自作の「携帯ゲーム機」「警報機能付き監視カメラ」「家電製品自動制御」「デジカメ」などを作ることができます。ラズベリーパイの本体基板は、5,000円前後という低価格で手に入れることができるため、気軽に始められます。また、電子工作に関する書籍や情報が豊富にありますので、ラズベリーパイを活用して、**ロボットプログラミングに取り組む**こともできます。

こうした特徴のあるラズベリーパイでは、配布されているOS（オペレーティングシステム）を起動すると、すぐに **Scratch や Python などのプログラミング環境が使えるようになります**。子どもたちに人気の「マインクラフト」のラズベリーパイ版である Minecraft Pi も、最初から使えるようになっています。

Minecraft Pi は、マインクラフトのワールドをプログラムすることで建築を自動化できるなど、プログラミングによって作成した結果をマインクラフトのワールドに反映させることができます。そのため、マインクラフトのユーザーが楽しみながらプログラミングを学習できる環境になっています。電子工作でタクトスイッチを押して、マインクラフトワールドに建築物を自動で出現させるようなことも実現できるでしょう。

手のひらサイズのパソコン「ラズベリーパイ」

第7章 次は何をすればいいの？

▲ ラズベリーパイ本体

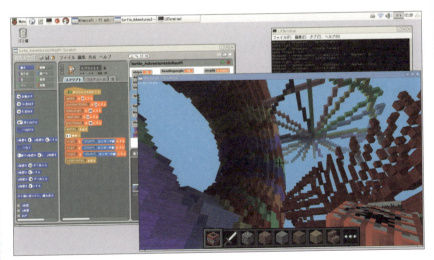

▲ Minecraft Pi

207

05 スクールに通ってみよう！

プログラミングを学習する上で、インターネット上にある情報を活用すれば、かなりのことを自力で学ぶことができます。しかしながら、情報が古くなっているなどの理由から、目的を達成できないことがあるかもしれません。子どもが自分で取り組んでみて、親子で一緒に考えてみても解決できない。そんな場合は、==身近な場所にあるスクールに通ってみることを検討==しましょう。第1章で取り上げたように、企業や各種団体が運営するプログラミングスクールが急増していますから、選択肢も広がってきています。

それぞれのスクールが、すべて同じことを学習しているわけではありません。==自分がやりたいと思うことを学べるのか、しっかりと確認すること==が大切です。例えば、プログラミングの対象としてロボットなどの「ハードウェア」を対象としているのか。コンピューターの中だけで完結する「ソフトウェア」を対象としているか。あるいはその両方なのか、ということも判断材料になります。

すでに、ある程度自力で取り組んでいたような場合には、==「自由制作」を中心とした活動をしているスクール==がよいかもしれません。これまでやってきたことを尊重してサポートしてくれる場であれば、理想的です。ただ、自由制作を前提としたスクールはそれほど多くない可能性があるので、情報収集が大切になってくると思います。

一方、まったくゼロから始めるのなら、==教材を提供してくれる教室==を選択肢に加えてみましょう。進むべき方向が決まっていますので、それに沿った形で進められる安心感があります。ただ、教材費用が受講料とは別途かかる場合もあり、特にロボットなどの教材の場合はその費用負担が貸与・購入によっても変わってきます。しっかりと確認をするようにしましょう。

自分に合ったスクールを探そう

どのスクールを選べばよいのかな？

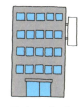 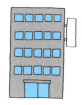

スクール A　　スクール B

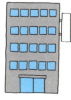

スクール C　　スクール D

- ハードウェアを対象としているのか
  ソフトウェアを対象としているのか？その両方なのか？
- 教材を提供してくれるのか
  自由制作が中心なのか？
- 教材費用・受講料はいくらなのか？

自分がやりたいことを学べるか、しっかり確認しよう！

第7章　次は何をすればいいの？

付録❶

クロームをインストールする（Windowsの場合）

本書では、「クローム」という Web ブラウザを使って Scratch を操作することを推奨しています。お使いのパソコンにクロームがインストールされていない場合は、以下の方法でインストールを行ってください。ここでは、Windows の場合のインストール方法をご紹介します。Mac の場合は、P.212を参照してください。

❶お使いの Web ブラウザで、「https://www.google.com/chrome/browser/desktop/index.html」にアクセスします。

❷クロームのインストール画面が表示されます。「Chrome をダウンロード」をクリックします。

❸利用規約が表示されるので、内容をよく読み、「同意してインストール」をクリックします。

付録① クロームをインストールする(Windowsの場合)

❹ダウンロードが完了したら、画面下の「実行」をクリックします。

❺インストールが開始されます。

❻インストールが完了すると、クロームが起動します。以降は、「スタート」メニューの「すべてのアプリ」で「Google Chrome」をクリックして起動できます。

211

付録❷

クロームをインストールする（Macの場合）

本書では、「クローム」という Web ブラウザを使って Scratch を操作することを推奨しています。お使いのパソコンにクロームがインストールされていない場合は、以下の方法でインストールを行ってください。ここでは、Mac の場合のインストール方法をご紹介します。Windows の場合は、P.210を参照してください。

❶お使いの Web ブラウザで、「https://www.google.com/chrome/browser/desktop/index.html」にアクセスします。

❷クロームのインストール画面が表示されます。「Chrome をダウンロード」をクリックします。

❸利用規約が表示されるので、内容をよく読み、「同意してインストール」をクリックします。

❹ダウンロードが完了したら、画面右上の ◉ をクリックし❶、クロームのダウンロードファイルをダブルクリックします❷。

❺インストール画面が表示されるので、「Google Chrome」のアイコンをその下のフォルダアイコンにドラッグします。クロームのインストールが行われます。

❻「Launchpad」をクリックし❶、表示される一覧から「Google Chrome」をクリックすると❷、クロームが起動します。

付録❷ クロームをインストールする（Macの場合）

付録❸
Scratchのアカウントを作成する

Scratchでは、アカウントを作成することによって、自分が作成したプログラムをオンライン上に保存して、いつでも見ることができるようになります。また、自分の作品を公開したり、ユーザーどうしでコミュニケーションを取ることができます。無料で登録できるので、ぜひアカウントを作成してからScratchでのプログラミングを始めましょう！

❶ P.210、P.212の方法でインストールしたクロームで、「https://scratch.mit.edu/」にアクセスします。画面右上の「Scratchに参加しよう」をクリックします。

❷ユーザー名とパスワードを入力します❶。ユーザー名とパスワードはサインインの際に必要になるので、しっかりと覚えておきましょう。入力できたら、「次へ」をクリックします❷。

❸生まれた年と月、性別、国を設定します❶。設定できたら、「次へ」をクリックします❷。このとき、13歳未満の場合、このあとの画面が異なります。13歳未満の場合は、両親か保護者のメールアドレスと、アカウントの認証が必要になります。

付録❸ Scratchのアカウントを作成する

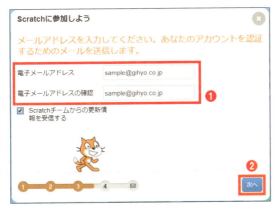

❹電子メールアドレスを入力します❶。「次へ」をクリックします❷。

❺アカウントの作成が完了しました。「さあ、はじめよう！」をクリックします。

❻作成したアカウントでサインインした状態で、Scratchの画面が開きます。右上に、「ユーザー名」が表示されています。

215

付録❹
Scratchにサインイン・サインアウトする

P.214でScratchのアカウントを作成すると、サインインすることで自分のページにアクセスし、過去に保存した自分の作品を開くことができます。Scratchの操作を終了するときは、サインアウトを行います。

❶ P.210、P.212の方法でインストールしたクロームで、「https://scratch.mit.edu/」にアクセスします。右上の「サインイン」をクリックします。

❷ P.214で設定した「ユーザー名」と「パスワード」を入力し❶、「サインイン」をクリックします❷。

❸ サインインが完了しました。右上に、「ユーザー名」が表示されています。

付録 ❹ Scratchにサインイン・サインアウトする

❹サインアウトする場合は、右上の「ユーザー名」をクリックし❶、「サインアウト」をクリックします❷。

❺右上に「サインイン」と表示されていれば、サインアウト完了です。

サインインした状態で「ユーザー名」をクリックして表示されるメニューからは、次の操作を行うことができます。

❶プロフィール
自分のプロフィールを設定できます。自己紹介や取り組んでいることを書いてみましょう。
❷私の作品
これまでに保存した自分の作品を一覧表示できます（P.114）。「中を見る」をクリックすると、プログラムの内容が表示されます。
❸アカウント設定
パスワードやメールアドレスの変更、アカウントの削除を行うことができます。

付録❺
完成プログラムを見てみよう

本書を最後まで読み終えて、「プログラムが完成した！」という方、あるいは、途中で「どうしてもうまくいかない……」という方は、下記のURLにアクセスして、完成プログラムを確認してみてください。また、完成プログラムのほかに、2つのアレンジバージョンを登録しています。

URL https://scratch.mit.edu/users/oyapro2017/

登録されているプロジェクトは、次の3種類です。

それぞれをクリックすると、次ページの画面が表示されます。「中を見る」をクリックして、スクリプトの内容を確認してください。

付録⑤ 完成プログラムを見てみよう

❶ StarCatcher オリジナル版

本編で解説しているプログラムです。本書の通りにプログラミングを行った場合の、正しいスクリプトを確認することができます。

❷ StarCatcher スプライト名変更バージョン

オリジナル版から、スプライト名をわかりやすいものに変更したバージョンです。「スクラッチキャット」「星」など、お子さんでもわかりやすいスプライト名になっています。

❸ StarCatcher アレンジバージョン

「Star1」スプライトに、ほうき星の演出を追加したバージョンです。また、P.172で紹介した「〜を送って待つ」ブロックを使って、変数を使用しない、シンプルなスクリプトに改変しています。アレンジに伴い、不要なブロックを削除しています。

219

INDEX
索引

記号・数字

「〜に触れた」ブロック	192
「〜の動きを0にする」ブロック	166
「〜まで待つ」ブロック	165
「□色に触れた」ブロック	177
「10回繰り返す」ブロック	95
「10歩動かす」ブロック	95
「90度に向ける」ブロック	131

英字

C#	205
CoderDojo	26
ComputerCraft	68
ComputerCraftEdu	68
false	164
hackforplay	70
Java	205
JavaScript	205
JavaScript ブロックエディター	72
Lua 言語	68
micro:bit	72
Osmo Coding	74
Osmo Coding Jam	74
Pyonkee	28,32,64
Python	205
Raspberry Pi	206
Ruby	205
Scratch	26,32,64,80
ScratchJr	32,64
Smalruby	32
Swift Playgrounds	32
Tickle	32
true	165
Viscuit	32,66
「x 座標（〜）」ブロック	159

あ行

赤いボタン	104
アカウント	114,214
「新しいブロック」画面	194
「新しい変数」画面	162,171
「新しいメッセージ」画面	150,178
アップロード	114
イベント	46,128
音を鳴らすブロック	110
オフラインエディター	114
オンラインエディター	84,114

か行

「隠す」ブロック	148
画面の拡大・縮小	90
繰り返し処理	44
クローム	84,210,212
ゲームオーバー条件	124,176,192
ゲームの操作方法・ルール	122
「消す」ブロック	152
コスチューム	85,90,126
コスチュームライブラリー	126
「コスチュームを〜にする」ブロック	182

さ行

サインアウト	216
サインイン	216
座標	86,90
「縮小」ボタン	184
順次処理	44
状態を調べるブロック	112
スウィフト・プレイグラウンズ	32
スクール	208
スクラッチ	26,32,64,80
スクラッチジュニア	32,64
スクラッチデイ	26
スクリプト	80
スクリプトエリア	85,89,92,99
「スクリプト」タブ	88

222

スクリプトの終わり	104
スクリプトの始まり	102
スクリプトを保存する	114
「スタンプ」ブロック	152
「ずっと」ブロック	137,138
ステージ	85,86,88,120
スプライト	86
スプライト一覧	85,87,92,98
スプライトの名前	87
スプライトライブラリー	140,184
スプライトを追加する	140
「スペースキーが押された」ブロック	134
「スペースキーが押されたとき」ブロック	128
「すべてを止める」ブロック	105
スモウルビー	32
制御文	138
設計図	42,50

た・な行

ダウンロード	114
「直ちに保存」ボタン	114
「作る」ボタン	84,120
ティックル	32
デバッグ	56
「中を見る」ボタン	114

は行

背景ライブラリー	120
バグ	28,56
ハックフォープレイ	70
比較ブロック	163
ビスケット	32,66
ビットマップモード	143
「表示する」ブロック	154
ピョンキー	32,64
フォーラム	202
プログラマー	24
プログラミング	16,42
プログラミング言語	32,52,205
プログラム	16
ブロック	94

ブロックカテゴリー	98
ブロックパレット	85,88
ブロックを組み合わせる	100
ブロックを削除する	133
「ブロックを作る」ボタン	194
ブロックを複製する	129
分岐処理	44
ペアプログラミング	58
ペイントエディタ	142
ベクターモード	143
変数	159,170
「変数を作る」ボタン	162,170

ま行

マインクラフト	68
「マウスが押された」ブロック	186
「マウスのポインターへ行く」ブロック	153
「マウスのポインターへ向ける」ブロック	141
「右向き矢印キーが押された」ブロック	134
「右向き矢印キーが押されたとき」ブロック	128
見た目を変化させるブロック	108
「緑の旗」ボタン	97,102
「緑の旗がクリックされたとき」ブロック	
	95,103,135
「向き」ブロック	158
命令	52
メッセージ	146
「メッセージを受け取ったとき」ブロック	
	153,182,188
「メッセージを送る」ブロック	149,178,186
「もし〜なら」ブロック	134,138

ら・わ行

ラズベリーパイ	206
リミックス	202
私の作品	114

【監修者】阿部　和広（あべ　かずひろ）

1987年より一貫してオブジェクト指向言語Smalltalkの研究開発に従事。パソコンの父として知られるアラン・ケイ博士の指導を2001年から受ける。Squeak EtoysとScratchの日本語版を担当。子供向け講習会を多数開催。OLPC計画にも参加。著書に「小学生からはじめるわくわくプログラミング」(日経BP社)、共著に「ネットを支えるオープンソースソフトウェアの進化」(角川学芸出版)、監修に「作ることで学ぶ」(オライリー・ジャパン)など。NHK Eテレ「Why!? プログラミング」プログラミング監修。青山学院大学客員教授、津田塾大学非常勤講師。2003年度IPA認定スーパークリエータ。文部科学省プログラミング学習に関する調査研究委員。

【著者】星野　尚（ほしの　ひさし）

高等学校講師・教員として情報処理教育に携わった後、稚内北星学園短期大学専攻科(当時、現在の稚内北星学園大学)での研究・修了後にISPエンジニアに転身。日本発XMLソフト開発オープンソースコミュニティ「横浜ベイキット」のコアメンバーとして普及・執筆活動後、国内研究所での特許技術実用化研究開発に従事。技術移転ベンチャー企業にてエンジニア・企業法務担当兼務を経て、現在、那須塩原クリエイティブ・ラボ代表／那須町教育委員会学校教育課プログラミング教育SV／マイクロソフト認定教育イノベーター(Microsoft Innovative Educator Expert)2017-2018。共著に「Raspberry Piではじめるどきどきプログラミング」がある。

カバー／本文デザイン	TYPEFACE(AD:渡邊民人　D:谷関笑子)
マンガ／イラスト	にしかわたく
マンガ原作	鈴木朋子
編集	大和田洋平

技術評論社ホームページ　http://book.gihyo.jp/

お問い合わせについて

本書の内容に関するご質問は、下記の宛先までFAXまたは書面にてお送りください。
なお電話によるご質問、および本書に記載されている内容以外の事柄に関するご質問にはお答えできかねます。
あらかじめご了承ください。

〒162-0846　新宿区市谷左内町21-13　株式会社技術評論社　書籍編集部
「親子で学ぶ　プログラミング超入門　～Scratchでゲームを作ろう！」質問係
FAX番号　03-3513-6167

なお、ご質問の際に記載いただいた個人情報は、ご質問の返答以外の目的には使用いたしません。
また、ご質問の返答後は速やかに破棄させていただきます。

親子で学ぶ　プログラミング超入門
～Scratchでゲームを作ろう！

2017年11月30日　初版　第1刷発行
2018年 2月14日　初版　第2刷発行

著者	星野　尚
監修	阿部　和広
発行者	片岡巌
発行所	株式会社技術評論社 東京都新宿区市谷左内町21-13 （電話）03-3513-6150　販売促進部 　　　　03-3513-6160　書籍編集部
印刷／製本	大日本印刷株式会社

定価はカバーに表示してあります。
本書の一部または全部を著作権法の定める範囲を越え、無断で複写、複製、転載、テープ化、ファイルに落とすことを禁じます。

©2017　星野　尚

造本には細心の注意を払っておりますが、万一、乱丁(ページの乱れ)や落丁(ページの抜け)がございましたら、小社販売促進部までお送りください。送料小社負担にてお取り替えいたします。

ISBN978-4-7741-9359-5 C3055　Printed in Japan